普通高等教育"十三五"规划教材

多媒体技术与应用

主　编　陈　萍　黄艳秋

副主编　孟　彧

中国铁道出版社有限公司
CHINA RAILWAY PUBLISHING HOUSE CO., LTD.

内 容 简 介

　　本书在介绍多媒体技术基本理论的基础上，以实例带动教学，详细介绍了多媒体技术在各领域应用的方法与技巧。全书共 9 个项目，每个项目均配有相应的习题，这样既可以帮助教师合理安排教学内容，又可以帮助学生举一反三，快速掌握所学知识。本书紧扣教学规律，合理设计教材结构，注重教学实践，加强上机练习内容的设计，让教学更加轻松。

　　本书适合作为高等院校数字媒体应用技术与计算机科学技术专业课程的教材，也可作为广大多媒体技术爱好者的参考用书。同时，本书也可供企事业单位的多媒体作品制作人员、多媒体设计人员、多媒体设计管理人员等参考使用。

图书在版编目（CIP）数据

多媒体技术与应用/陈萍，黄艳秋主编.—2 版.—北京：
中国铁道出版社有限公司，2020.8（2023.2 重印）
普通高等教育"十三五"规划教材
ISBN 978-7-113-27099-5

Ⅰ.①多…　Ⅱ.①陈…②黄…　Ⅲ.①多媒体技术-高等
学校-教材　Ⅳ.①TP37

中国版本图书馆 CIP 数据核字(2020)第 131355 号

书　　名：多媒体技术与应用
作　　者：陈　萍　黄艳秋

策　　划：曹莉群　　　　　　　　　　　　　　编辑部电话：（010）63549508
责任编辑：周海燕　李学敏
封面设计：一克米工作室
责任校对：张玉华
责任印制：樊启鹏

出版发行：中国铁道出版社有限公司（100054，北京市西城区右安门西街 8 号）
网　　址：http://www.tdpress.com/51eds/
印　　刷：北京盛通印刷股份有限公司
版　　次：2017 年 1 月第 1 版　2020 年 8 月第 2 版　2023 年 2 月第 3 次印刷
开　　本：787 mm×1 092 mm 1/16　印张：16.5　字数：409 千
书　　号：ISBN 978-7-113-27099-5
定　　价：48.00 元

前 言

本书针对目前多媒体领域多个多媒体软件的应用而编写。通过对多个项目化案例的应用来介绍多媒体制作的过程，培养 21 世纪多媒体制作应用型人才，让大学生不仅掌握多媒体的基础知识，还要掌握各种多媒体制作软件的应用，为将来就业打下一个良好的基础。

一、本书结构

随着计算机多媒体技术的高速发展，多媒体软件应用越来越广泛，通过多媒体软件对图形、图像、声音、视频、动画等进行综合运用，可以达到人机交互的效果。

本书以项目化的形式组织内容，通过项目提出、项目分析、相关知识点、项目实现、总结与提高和习题等环节提升读者的多媒体软件知识和应用能力。

本书讲解由浅入深、循序渐进，以理论够用为度，让读者不但能很快入门，而且通过学习可以达到较高的水平。本书可以让教师得心应手地教学，也便于学生自学，因此适合作为高等院校的教材，也可以作为多媒体作品制作爱好者的参考读物。

本书采用实例带动知识点的方法编写，使学生能够快速掌握相应知识点，以适应当前多媒体领域的高速发展。

本书共分 9 个项目，相关内容如下：

项目 1，主要介绍计算机多媒体技术基础知识，内容包括多媒体中的媒体元素、技术特点和软硬件系统。

项目 2，介绍 Photoshop CC 2019 图像处理软件的应用，内容包括掌握该软件的路径、图层、色彩、蒙版、滤镜等操作和综合的图片修改技能。

项目 3，介绍 Audition CC 2020 音频处理软件的应用，内容包括该软件录音、编辑、声音效果合成等运用。

项目 4，介绍 Animate CC 2019 二维动画设计，内容包括动画的图层效果、动画文字变化、声音效果、遮罩、引导层等综合动画效果的运用。

项目 5，介绍 Director 多媒体制作，内容包括帧连帧、关键帧、高级帧、交换演员、胶片环、录制等综合的动画运用。

项目 6，介绍 Director 的 Lingo 语言，通过本项目的学习，学生可掌握该语言的常规基础知识，并具备制作软件或界面的基本能力。

项目 7 和项目 8，介绍 Dreamweaver CC 2020 网页制作，内容包括网页制作的基本概念和常规方法，同时通过对该软件的高级运用，具备制作网页的基本能力。

项目 9，介绍 3ds Max 2020 三维动画设计，内容包括三维动画制作的流程、各种常见三维动画效果的制作。

二、本书特点

本书将声、像、动画、文字等同时运用、组合运用或个别运用，体现了教材元素的多样性，以此促进学生对学习内容的理解及掌握。书中设置了丰富的案例，可以供学生反复学习，进而掌握计算机多媒体的技能。与此同时，对书中的难点问题尽量做到深入浅出地讲述，强调直观描述，强调全书的可读性、形象性、实用性及可操作性，注重对学生应用意识、兴趣、能力的培养。

本书在第一版的基础上新增了最新实用案例，每个项目的操作软件都更新为目前最高版本，在本书的每个项目中都安排了上机实训的内容，通过对不同的任务设置不同的场景，以项目化、案例化的形式来演示多媒体制作的实际应用，以利于学生充分掌握。同时，通过案例的列举和分析，可以进一步阐明所表述理论的具体应用，从而使学生加深对多媒体技术的认识和理解。

三、编写分工

本书由陈萍、黄艳秋任主编，孟彧任副主编。本书编写分工如下：项目 1、项目 2、项目 5、项目 6、项目 3 由陈萍编写；项目 4 由王铮编写；项目 7 由李来存编写；项目 8 由黄艳秋编写；项目 9 由孟彧编写。

本书编者长期从事高校多媒体课程的教学，经验丰富，但限于时间和水平，书中不妥之处在所难免，敬请广大读者批评指正。

编　者

2020 年 6 月

目 录

项目1　计算机多媒体技术基础知识

多媒体技术集文字、声音、图像、动画、视频、网页等多项技术于一体，采用计算机的数字记录和传输方式，对各种媒体进行处理，具有广泛的用途。多媒体计算机甚至可代替目前的各种家用电器，集计算机、电视机、录音机、录像机、DVD机、电话机、传真机等各种电器为一体。多媒体技术是一个涉及面极广的综合技术，是开放性的、没有最后界限的技术。多媒体技术的研究涉及计算机硬件、计算机软件、计算机网络、人工智能、电子出版等，其产业涉及电子工业、计算机工业、广播电视、出版业和通信业等。

多媒体技术通过计算机把文本、图形、图像、声音、动画和视频等多种媒体综合起来，使之建立起逻辑连接，并对它们进行采样量化、编码压缩、编辑修改、存储传输和重建显示等处理。

多媒体技术用途广泛，可用于：企业宣传——商业演示；教学培训——教学培训；产品使用说明——技术资料；软件系统放在触摸一体机中可用于商场导购、展会导览、信息查询等用途。

所以，多媒体手段被广泛用于教育、广告等宣传领域，是企业宣传、产品推广的利器，它的主要载体是光盘、多媒体触摸屏、宽带网站等。

项目提出

小景同学经过十多年的寒窗苦读，今年终于考上了某职业技术学院计算机多媒体技术专业。小景同学了解到，学习计算机多媒体专业知识需要使用计算机，计算机多媒体技术学习将会一直伴随他，帮助他极大地提高工作质量和工作效率，并丰富他的日常生活。小景渴望学习计算机多媒体技术，于是找到计算机多媒体技术专业系主任，并提出以下问题：

（1）什么是多媒体技术？

（2）多媒体技术具有什么样的特点使得它如此神通广大？

（3）多媒体技术是如何发展起来的？

项目分析

近年来，多媒体技术得到迅速发展，多媒体系统的应用更以极强的渗透力进入人们生活的各个领域，如游戏、教育、档案、图书、娱乐、艺术、股票债券、金融交易、建筑设计、通信等。其中，运用最早、最多、最广泛的就是电子游戏，千万青少年甚至成年人为之着迷，可见多媒体的威力。

多媒体技术有以下几个主要特点：

（1）集成性。能够对信息进行多通道统一获取、存储、组织与合成。

（2）控制性。多媒体技术以计算机为中心，综合处理和控制多媒体信息，并按人的要求以多种媒体形式表现出来，同时作用于人的多种感官。

（3）交互性。交互性是多媒体应用有别于传统信息交流媒体的主要特点之一。传统信息交流媒体只能单向地、被动地传播信息，而多媒体技术则可以实现人对信息的主动选择和控制。

（4）非线性。多媒体技术的非线性特点将改变人们传统循序性的读写模式。以往人们读/写方式大都采用章、节、页的框架，循序渐进地获取知识，而多媒体技术将借助超文本链接（Hyper Text Link）的方法，把内容以一种更灵活、更具变化的方式呈现给读者。

（5）实时性。当用户给出操作命令时，相应的多媒体信息都能够得到实时控制。

（6）互动性。它可以形成人与机器、人与人及机器间的互动，以及互相交流的操作环境及身临其境的场景，人们根据需要进行控制。人机相互交流是多媒体最大的特点。

（7）信息使用的方便性。用户可以按照自己的需要、兴趣、任务要求、偏爱和认知特点来使用信息，任取图、文、声等信息表现形式。

（8）信息结构的动态性。"多媒体是一部永远读不完的书"，用户可以按照自己的目的和认知特征重新组织信息，增加、删除或修改结点，重新建立链路。

多媒体能做什么？它展示信息、交流思想和抒发情感。它让你看到、听到和理解其他人的思想。也就是说，它是一种通信的方式。声音、图像、图形、文字等被理解为承载信息的媒体，而称为多媒体其实并不准确，因为这容易跟那些承载信息进行传输、存储的物质媒体（也有人称为"介质"），如电磁波、光、空气波、电流、磁介质等相混淆。但是，现在，"多媒体"这个名词或术语几乎已经成为文字、图形、图像和声音的同义词，也就是说，一般人都认为，多媒体就是声音、图像与图形等的组合，所以在一般的文章中一直沿用这个不太准确的词。目前流行的多媒体的概念，主要仍是指文字、图形、图像、声音等人的器官能直接感受和理解的多种信息类型，这已经成为一种较狭义的理解。

相关知识点

一、媒体

媒体是信息表示、存储和传输的载体。根据信息被人们感觉、加以表示、使之呈现、实现存储或传输的载体不同，可以将媒体分为感觉媒体、表示媒体、显示媒体、存储媒体和传输媒体五大类。

1. 感觉媒体

感觉媒体（Perception Medium）是指能够直接作用于人的感觉器官，使人能够直接产生感觉的一类媒体。例如，各种声音、文本、图形、静止或运动的图像等，这也是本书中所指的媒体。

2. 表示媒体

表示媒体（Representation Medium）是指为了加工、处理和传输感觉媒体而人为地研究、构造出来的一种媒体。借助这种媒体，能够更有效地将感觉媒体从一个地方向另一个地方传送，便于加工和处理。表示媒体包括各种编码方式，如语言编码、文本编码、静止或运动的图像编码等。

3. 显示媒体

显示媒体（Presentation Medium）是指感觉媒体与用于通信的电信号之间产生转换的一类媒

体。显示媒体又分两种：一种是输入显示媒体，如键盘、鼠标、传声器等；另一种是输出显示媒体，如显示器、扬声器、打印机等。

4. 存储媒体

存储媒体（Storage Medium）是用于存放表示媒体的一种媒体，也就是存放感觉媒体数字化代码的媒体，如磁盘、磁带、光盘等。

5. 传输媒体

传输媒体（Transmission Medium）是用来将媒体从一处传送到另一处的物理载体，即通信的信息载体，如双绞线、同轴电缆、光纤等。

二、多媒体

"多媒体"中的媒体主要是指多种形式的感觉媒体，但它并不仅仅是各种信息媒体的简单组合，而是一种与计算机、数字化、交互性紧密相连的全新信息载体。可以认为多媒体是一种融合两种或两种以上媒体的人机交互式信息交流和传播的媒体。"多媒体"通常可以被视为"多媒体技术"或"多媒体计算机技术"。多媒体计算机是实现多媒体技术的核心。

多媒体技术是指把文本、图形、图像、动画、音频、视频等多种媒体信息通过计算机进行数字化采集、获取、压缩/解压缩、编辑、存储等加工处理，再以单独或合成形式表现出来的一体化技术。

为了实现多媒体作品的制作要求，本书在后续各个项目中分别介绍多媒体技术加工和处理的工具软件及其使用方法，例如，声音处理软件 Audition、图像处理软件 Photoshop、动画制作软件 Flash、多媒体项目的集成开发软件 Director、网页制作软件 Dreamweaver、三维动画制作软件 3ds Max 等，通过本书的学习和上机实践，掌握多媒体技术的制作。

项目实现

任务 1　认识计算机多媒体中的媒体元素

媒体元素是指多媒体应用中可以显示给用户的媒体组成元素，在现有的多媒体系统中，多媒体信息主要包括文本、图形、图像、音频、视频和动画等媒体，作用于人的听觉、视觉等感官。多媒体中的媒体元素种类繁多，各种数据的格式要求也不尽相同。即使是属于同一一类的媒体数据，由于采集、存储、压缩等方面的技术不同，它们的文件格式也是不相同的。因此，如果能够很好地了解各种媒体的特点、各种媒体文件格式间的技术特征以及各种媒体间的关系，就能够更好地制作和应用多媒体。

按多媒体元素特征分类，主要包括以下多媒体元素，如图 1-1 所示。

图 1-1　多媒体中的媒体元素

1. 文本素材

文本素材是多媒体作品中最基本的素材，在多媒体作品中随处都可以看到文本素材。文本素材一般分为非格式化文本文件和格式化文本文件。非格式化文本文件是指只有文本信息而没有其他任何有关格式信息的文件，又称为纯文本文件，如.txt 文件。格式化文本文件是指带有各种文本排版信息等格式信息的文本文件，如.doc 文件。

2. 图形素材

图形（Graphic）一般指用计算机绘制的画面，如直线、圆、圆弧、矩形、任意曲线和图表等。图形的格式是一组描述点、线、面等几何图形的大小、形状及其位置、维数的指令集合。在图形文件中只记录生成图的算法和图上的某些特征点，因此也称矢量图。用于产生和编辑矢量图形的程序通常称为 draw 程序。计算机上常用的矢量图形文件有用于 3D 造型的.3ds 文件、用于 CAD 制图的.dwg 文件、用于桌面出版的.wmf 文件等。由于图形只保存算法和特征点，因此占用的存储空间很小，但显示时需经过重新计算，因而显示速度相对较慢。

3. 图像素材

图像（Image）是指由输入设备捕捉的实际场景画面，或以数字化形式存储的任意画面。静止的图像是一个矩阵，阵列中构成图像的各个点称为像素（Pixel），每个像素可以具有不同的颜色和亮度，它是组成位图图像的基本单位。像素的颜色等级越多则图像越逼真，适用于逼真照片或要求精细细节的图像。图像处理时要考虑三个因素：分辨率、颜色深度、图像文件大小。图像文件在计算机中的存储格式有.bmp、.jpg、.gif、.psd、.pcx、.tif、.png 等。

4. 音频素材

数字音频（Audio）可分为波形声音、语音和音乐。波形声音实际上已经包含了所有的声音形式，它可以将任何声音都进行采样量化，相应的文件格式是.wav 或.voc。语音也是一种波形，所以和波形声音的文件格式相同。音乐是符号化了的声音，乐谱可转变为符号媒体形式，对应的文件格式是.mid 或.cmf。声音信号是典型的连续信号，而计算机只能处理和存储二进制的数字信号，因此，计算机要获取与处理音频，必须先对模拟信号进行数字化处理，数字化主要包括采样、量化和编码。

5. 动画素材

动画（Animation）是活动的画面，实质是一幅幅静态图像的连续播放。动画的连续播放既指时间上的连续，也指图像内容上的连续。计算机设计动画有两种：一种是帧动画，另一种是造型动画。帧动画是由一幅幅位图组成的连续的画面，就如电影胶片或视频画面一样要分别设计每屏幕显示的画面。造型动画是对每一个运动的物体分别进行设计，赋予每个动元一些特征，然后用这些动元构成完整的帧画面。动元的表演和行为是由制作表组成的脚本来控制。存储动画的文件格式有.gif、.fla、.swf、.dir 等。

6. 视频素材

视频（Video）由一幅幅单独的画面序列（帧）组成，这些画面以一定的速率（fps）连续地投射在屏幕上，使观察者具有图像连续运动的感觉。视频文件的存储格式有.avi、.mpg、.mov 等。视频标准主要有 PAL 制、NTSC 制和 SECAM 制三种。PAL 标准为 25 fps，每帧 625 行；NTSC 标准为 30 fps，每帧 525 行；SECAM 标准为 25 fps，每帧 625 行。视频的技术参数有帧速、数据量、图像质量。

多媒体技术是多学科与计算机综合应用的技术，包括计算机软硬件技术、信号的数字化处理技术、音频视频处理技术、图像压缩处理技术、通信技术、人工智能和模式识别技术，是正在不断发展和完善的多学科综合应用技术。

任务 2   认识多媒体技术特点

1. 多样性

信息载体的多样性是多媒体的主要特征，也是多媒体研究需要解决的关键问题。信息载体的多样性是相对计算机而言的，指的是信息媒体的多样性。把计算机所能处理的信息空间范围扩展和放大，而不局限于数值、文本、图形和图像，是使计算机变得更加人性化所必需的条件。人类接收信息主要通过视觉、听觉、触觉、嗅觉和味觉，其中前三种占了95%的信息量。借助于这些多感觉形式的信息交流，人类对于信息的处理可以说是得心应手。然而计算机以及与之相似的设备都远远没有达到人类的水平，所以在信息交互方面与人的感官空间就相差更远。多媒体就是要把机器处理的信息多维化，并通对过信息的捕获、处理与展现，使信息交互具有更加广阔和自由的空间，以满足人类感官全方位的多媒体信息需求。

2. 集成性

多媒体的集成性是一次飞跃。早期多媒体中的各项技术和产品是由不同厂商根据不同的方法和环境开发研制出来的，所以基本上只能单一、零散和孤立地使用，在能力和性能上很难满足用户日益增强的信息处理需求。各自独立的发展、信息空间的不完整、开发工具的不协作性和信息交互的单调性等问题，严重制约了多媒体系统的全面发展。多媒体的集成性主要表现在两个方面：多媒体信息的集成，以及操作这些媒体信息的工具和设备的集成。前者强调各种信息媒体应能按照一定的数据模型和组织结构集成为一个有机的整体，以便于媒体的充分共享和操作使用。后者强调了与多媒体相关的各种硬件和软件的集成，为多媒体系统的开发和实现建立了一个理想的环境，其目的是提高多媒体软件的生产力。

3. 交互性

多媒体的第三个关键特性是交互性。它向用户提供了更加有效地控制和使用信息的手段及方法，同时也为应用开辟了更加广阔的领域。交互可以使用户自由地控制和干预信息的处理，并增加对信息的注意力和理解，同时延长了信息的保留时间。当引入交互性时，其活动本身便作为一种媒体介入了信息转变为知识的过程。它在计算机辅助教学和模拟训练、虚拟现实等方面都取得了巨大的成功。媒体信息的简单检索与显示，是多媒体的初级交互应用；通过交互特性使用户介入信息的活动过程中，是交互应用的中级水平；当用户完全进入一个与信息环境一体化的虚拟信息空间自由遨游时，才是交互应用的高级阶段，但这有待于虚拟现实技术的进一步研究和发展。

任务 3   了解多媒体硬件系统

多媒体硬件系统由主机、多媒体外围设备接口卡和多媒体外围设备构成。图 1-2 所示为多媒体计算机硬件系统构成图。

多媒体计算机的主机可以是大、中型计算机，也可以是工作站，或者是多媒体个人计算机（MPC）。

多媒体外围设备接口卡根据获取、编辑音频和视频的需要插接在计算机上。常用的有声卡、图形加速卡、视频压缩卡、VGA/TV 转换卡、视频捕捉卡、视频播放卡和光盘接口卡等。

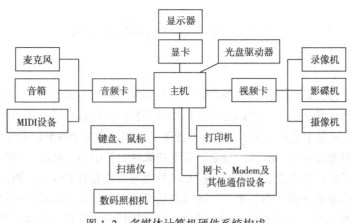

图 1-2　多媒体计算机硬件系统构成

多媒体外围设备十分丰富，按功能可分为多媒体输入设备、多媒体输出设备、人机交互设备、数据存储设备四类。

多媒体输入设备包括摄像机、录像机、影碟机、扫描仪、麦克风、录音机、激光唱盘和MIDI合成器等；多媒体输出设备包括显示器、输出设备、电视机、投影电视、扬声器、立体声耳机等；人机交互设备包括键盘、鼠标、触摸屏和光笔等；数据存储设备包括光盘、磁盘等。图 1-3 所示是一些常见的多媒体外围设备。

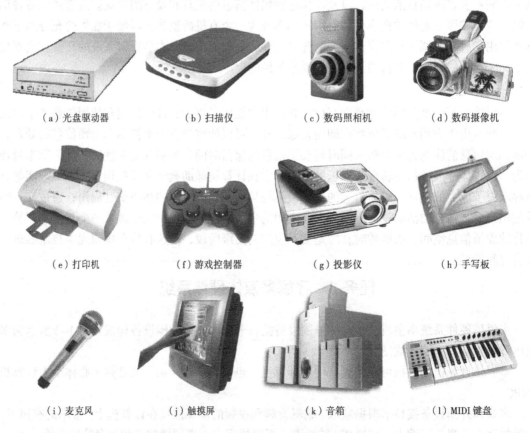

（a）光盘驱动器　　　（b）扫描仪　　　（c）数码照相机　　　（d）数码摄像机

（e）打印机　　　（f）游戏控制器　　　（g）投影仪　　　（h）手写板

（i）麦克风　　　（j）触摸屏　　　（k）音箱　　　（l）MIDI 键盘

图 1-3　一些常见的多媒体外围设备

任务4　了解多媒体软件系统

多媒体软件系统按功能可分为多媒体系统软件和多媒体应用软件，可以用图1-4所示的层次结构描述。其中，底层软件建立在硬件基础上，高层软件则建立在低层软件基础上。

1. 多媒体系统软件

多媒体系统软件是多媒体系统的核心，它不仅具有综合使用各种媒体、灵活调度多媒体数据进行媒体的传输和处理的能力，而且要控制各种媒体硬件设备协调地工作。多媒体系统软件主要包括多媒体外围设备驱动软件、驱动器接口程序、多媒体操作系统、媒体制作平台与工具软件、多媒体创作工具与开发环境等。

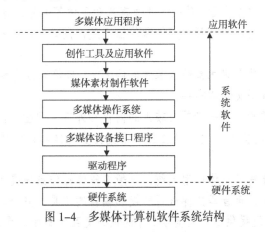

图1-4　多媒体计算机软件系统结构

（1）多媒体外围设备驱动软件。它是底层硬件的软件支撑环境，直接与计算机硬件相关，完成设备初始、各种设备操作、设备的打开和关闭、基于硬件的压缩/解压缩、图像快速变换及功能调用等。通常，驱动软件有视频子系统、音频子系统及视频/音频信号获取子系统。

（2）驱动器接口程序。它是高层软件与多媒体驱动软件之间的接口软件，为高层软件建立虚拟设备。

（3）多媒体操作系统。要求该操作系统要像处理文本、图形文件一样方便灵活地处理动态音频和视频，在控制功能上，要扩展到录像机、音响、MIDI 等声像设备以及 CD-ROM 光盘的存储技术方面。多媒体操作系统要能处理多任务，易于扩充。要求数据存取与数据格式无关，提供统一友好的界面。

（4）媒体制作平台与工具软件。设计者可利用该类工具和软件采集、制作媒体数据。常用的有图像设计与编辑系统，二维、三维动画制作系统，音频采集与编辑系统，视频采集与编辑系统，以及多媒体公用程序与数字剪辑艺术系统等。

（5）多媒体创作工具与开发环境。多媒体创作工具与开发环境是各类电子出版物、多媒体应用系统的开发工具和编辑制作的环境，它提供组织和编辑电子出版物和多媒体应用系统各种成分所需要的重要框架，包括图形、动画、声音和视频的剪辑。它的用途是建立具有交互式的用户界面，在屏幕上演示电子出版物及制作完成的多媒体应用系统，以及将各种多媒体成分集成为一个完整而有内在联系的系统。比如脚本语言及解释系统、基于图标导向的编辑系统、基于时间导向的编辑系统等。设计者可以利用这层开发工具和编辑系统来创作各种教育、娱乐、商业等应用的多媒体节目。例如，常见的 PowerPoint、Authorware 等。

2. 多媒体应用软件

多媒体应用软件是在多媒体创作平台上设计开发的面向应用领域的软件系统，通常由应用领域的专家和多媒体开发人员共同协作、配合完成，主要包括媒体播放软件、教育软件、电子图书、数字光盘等。

总结与提高

多媒体技术研究内容主要包括感觉媒体的表示技术、数据压缩技术、多媒体数据存储技术、多媒体数据的传输技术、多媒体计算机及外围设备、多媒体系统软件平台等。

在多媒体计算机系统中要表示、传输、处理声音和图像等信息，特别是数字化图像和视频，要占用大量的存储空间，因此为了解决存储和传输问题，高效的压缩和解压缩算法是多媒体系统运行的关键。

高效快速的存储设备是多媒体系统的基本部件之一，目前流行的移动设备包括 U 盘和移动硬盘，主要用于多媒体数据文件的转移存储。

多媒体计算机系统硬件平台一般要有较大的内存和外存（硬盘），并配有光驱、音频卡、视频卡、音像输入/输出设备等。软件平台主要指支持多媒体功能的操作系统，如微软公司的 Windows 操作系统。

为了便于用户编程开发多媒体应用系统，一般多媒体操作系统提供了丰富的多媒体开发工具，有些是对图形、视频、声音等文件进行转换和编辑的工具。另外，为了方便多媒体节目的开发，多媒体计算机系统还提供了一些直观、可视化的交互式制作工具，如动画制作软件 Flash、Director、3ds Max 等，以及多媒体节目制作工具 Authorware、Tool Book 等。

网络多媒体是多媒体技术的一个重要分支，多媒体信息要在网络上存储与传输，需要一些特殊的条件和支持。此外，超文本和超媒体是一种有效的多媒体信息管理技术，它本质上是采用一种非线性的网状结构组织块状信息。目前最流行的是运行于 Internet 的对等式共享文件系统，即 P2P 技术。

和传统的数据库相比，多媒体数据库包含多种数据类型，数据关系更为复杂，需要一种更为有效的管理系统来对多媒体数据库进行管理。多媒体数据库也是多媒体技术研究的内容之一。

习　　题

一、知识题

1. 一般多媒体系统主要由哪些部分组成？
2. 多媒体的主要特点是什么？
3. 思考多媒体如何改变了人们的生活，以及对人们的生活造成了哪些负面及正面影响？

二、实践操作题

配置一台 4 800 元的多媒体计算机，并说明配置。

三、拓展训练

举例说明多媒体技术应用在生活中的案例。

项目2　Photoshop图像处理

　　目前，市场上的图形图像处理软件非常多，常见的有 Photoshop、Impact、CorelDRAW、Freehand、AutoCAD、3ds Max 等。Photoshop 作为一款功能强大的图像编辑软件，自发布以来就以强大的功能和友好的界面深受广大设计者的青睐。

　　Photoshop 是 Adobe 公司于 1990 年推出的，1994 年 Adobe 公司和生产 FreeHand 的 Aldus 公司合并，使其得到了更好的发展，并巩固了 Photoshop 在图像处理领域中的地位。

　　Photoshop 发展至今已经历了多个版本，包括 Photoshop 4.0、Photoshop 5.0、Photoshop 5.0.2、Photoshop 5.5、Photoshop 6.0、Photoshop 7.0 等。2003 年，Adobe 公司正式推出了 Photoshop CS，该版本比 Photoshop 7.0 有较大的改进。2005 年，Adobe 公司推出了 Photoshop CS2；以后几年又推出了 Photoshop CS3、Photoshop CS4、Photoshop CS5、Photoshop CS6、Photoshop CC 等。目前 Photoshop CC 2019 是广为应用的版本，较之于以前版本，新增了许多功能，包括更多创造性选项、更方便用户的使用习惯等，增加了更多可以节省工作效率的文件处理功能。

　　现在，Photoshop 已经得到了广泛的应用，常见的有包装设计、企业标志设计、企业形象设计、产品宣传设计、海报设计等。

项目提出

　　小李同学是一个摄影爱好者，由于摄影器材和现场环境的限制，很难拍出满意的作品。现场的光线往往比较阴暗，而且由于现场比较拥挤，一般没有足够的空间给摄影者进行构图上的选择，很多照片经常出现的问题就是"画面模糊不清""色彩暗淡""噪点太多""表情不佳""背景杂乱"。小李找到张老师，并提出下列问题：

　　（1）效果不理想的照片能不能进行后期处理？

　　（2）用什么工具和办法处理？

　　（3）能不能对照片进行艺术加工？

　　张老师告诉小李："你提的这些问题，Photoshop 图像处理软件都能解决。除了这些以外，Photoshop 还可以进行图像编辑、图像合成、校色调色及特效制作。可以对图像做各种变换，如放大、缩小、旋转、倾斜、镜像、透视等。Photoshop 提供的绘图工具让外来图像与创意很好地融合，使图像的合成天衣无缝。Photoshop 可方便快捷地对图像的颜色进行明暗、色偏的调整和校正，也可在不同色彩模式之间进行切换以满足图像在不同领域，如网页设计、印刷、多媒体等方面应用。Photoshop 中图像的特效创意和特效字的制作，如油画、浮雕、石膏画、素描等常用的传统美术技巧都可由 Photoshop 完成。"

　　小李听了张老师的介绍，非常想学习 Photoshop。他问张老师："学习 Photoshop 需要哪些基础知识？如何学好 Photoshop？"

项目分析

Photoshop 是科学与艺术的结合，但最终是看艺术效果。美术功底扎实与否是影响作品水平高低的重要因素。Photoshop 只是一个得力的工具。画笔人们都会用，而画匠只会重复别人的作品，只有画家才能实现自己的创意。为了能够掌握图像处理软件的应用，必须掌握和了解下面的有关知识。

相关知识点

一、矢量图形与位图图像

从存储角度来说，计算机绘制的图片有两种形式，即图形与图像，它们是构成动画或视频的基础。

1. 图形

图形又称矢量图形、几何图形或矢量图（Vector Graphic）。图形是用一个集合指令来描述的，这些指令用来描述一幅图所包含的直线、矩形、圆、圆弧、曲线等的形状、位置、颜色等各种属性和参数。显示时，需要相应的软件读取和解释这些指令，并将其转换为屏幕上所显示的形状和颜色。

通常，绘制和显示图形的软件称为绘图软件，比如 CorelDRAW、Freehand、AutoCAD 和 Illustrator 等。它们可以由人工操作交互式绘图，或是根据一组或几组数据画出各种几何图形，并可方便地对图形的各个组成部分进行缩放、旋转、扭曲和上色等编辑和处理工作。

图形的优点在于不需要对图上每一点进行量化保存，只需要让计算机知道所描绘对象的几何特性即可。比如，只需知道一个圆的半径和圆心坐标，计算机就可以调用相应的函数画出这个圆，因此图形所占用的存储空间相对较少。图形主要用于计算机辅助设计、工程制图、广告设计、美术字和地图等领域。

图形与分辨率无关，可以将它缩放到任意大小和以任意分辨率在输出设备上打印出来，都不会影响清晰度，如图 2-1 所示。因此，图形是文字（尤其是小字）和线条图形（比如徽标）的最佳选择。

2. 图像

图像又称点阵图像或位图图像，它在空间和亮度上已经离散化，是由许多像素组成的，如图 2-2 所示。可以把一幅位图图像理解为一个矩形，矩形中的任一元素与图像中的一个点对应，该点的灰度或颜色等级用相应的值表示。矩形的元素称为像素，每个像素可以具有不同的颜色和亮度，它是组成位图图像的基本单位。像素的颜色等级越多则图像越逼真，适用于逼真照片或要求精细细节的图像。

计算机上生成图像和对图像进行编辑处理的软件通常称为绘图软件，如 Photoshop、PhotoImpact 和 PhotoDraw 等。它们处理的对象都是图像文件，它是由描述各个像素的图像数据再加上一些附加说明信息构成的。图像主要用于表现自然景物、人物、动植物和一切引起人类视觉感受的景物，特别适合于逼真的彩色照片等。通常，图像文件以压缩方式进行存储，以节省内存和磁盘空间。

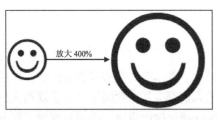

图 2-1　矢量图形

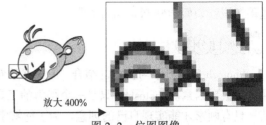

图 2-2　位图图像

二、图形、图像的性能指标

1. 分辨率

分辨率是影响图像显示质量的重要指标，它有三种形式：显示分辨率、图像分辨率、像素分辨率。

1）显示分辨率

显示分辨率（Display Resolution）是指屏幕上显示图像区域的大小，即构成全屏显示的像素的个数。以水平和垂直像素表示，如 800×600 像素，是指屏幕水平方向有 800 个像素，垂直方向有 600 个像素。在同样大小的显示器屏幕上，显示分辨率越高，像素的密度越大，显示的图像越精细，但是同一字号的字在屏幕上显示得越小。

2）图像分辨率

图像分辨率是指组成一幅图像的像素数目，以水平的和垂直的像素表示。例如，有一幅分辨率为 320×240 像素的彩色图像，在显示器分辨率为 640×480 像素的屏幕上显示，这时图像在屏幕上的大小只占整个屏幕的 1/4；如果显示的分辨率设置成 800×600 像素，则显示的图像就更小，当图像分辨率与显示分辨率相同时，所显示的图像正好布满整个屏幕区域。图像分辨率决定图像的显示质量，也就是说，对同样大小的一幅原图，如果图像分辨率高，则组成该图的像素数目越多，看起来就越逼真，但图像所需的存储空间也就越大。

3）像素分辨率

像素分辨率是指在显示器上一个像素的宽和长之比，在像素分辨率不同的机器间传输图像时会产生变形。例如，在捕捉图像时，如果显像管的像素分辨率为 2∶1，而显示图像的显像管的像素分辨率为 1∶1，这时该图像会发生变形。

2. 颜色深度

颜色深度是指记录每个像素所使用的二进制位数，对于彩色图像来说，颜色深度决定了该图像可以使用的最大颜色数目；对于灰度图像来说，颜色深度决定了该图像可以使用的亮度级别数目。颜色深度值越大，显示的图像色彩越丰富，画面质量越好，但数据量也随之增长。

3. 颜色类型

图像的颜色需要使用三维空间来表示，比如 RGB 颜色空间。颜色的空间表示法不是唯一的，所以，每个像素点的图像深度的分配还与图像所使用的颜色空间有关。以最常用的 RGB 颜色空间为例，图像深度与颜色的映射关系主要包括真彩色、伪彩色和调配色。

4. 显示深度

图像深度是图像文件中记录一个像素所需要的位数，而显示深度（Display Depth）是在显示缓存表示一个像素的最大位数，即显示器可以显示的颜色数。因此，显示一幅图像时，屏幕上呈现的颜色效果与图像文件所提供的颜色信息有关，即与图像深度有关；同时也与显示器当前可容纳的颜色容量有关，即与显示深度有关。

5. 色彩模式

色彩模式是指在计算机上显示或打印图像时表示颜色的数字方法。在不同的领域，人们采用的色彩模式往往不同。比如计算机显示器采用 RGB 模式，打印机输出彩色图像时用 CMYK 模式，从事艺术绘画的采用 HSB 模式，彩色电视系统采用 YUV/YIO 模式，另外还有其他一些色彩模式的表示方法。

1) RGB 模式

这是计算机中使用的色彩模式。在多媒体计算机技术中用得最多的就是 RGB 色彩模式，因为计算机彩色监视器的输入需要 R、G、B 三个色彩分量，通过三个分量的不同比例，可在显示屏幕上合成所需要的任意颜色，所以不管多媒体系统中采用什么形式的色彩模式，最后的输出一定要转换成 RGB 色彩模式。根据三基色原理，用基色光单位来表示光的量，则在 RGB 色彩模式，任意色光 F 都可以用 R、G、B 三色不同分量相加混合而成：

$$F = r[R] + g[G] + b[B]$$

其中，r、g、b 为三色系数，$r[R]$、$g[G]$、$b[B]$ 为三色分量，以上配色关系又称为 RGB 彩色空间。

2) CMYK 模式

计算机屏幕显示彩色图像时采用的是 RGB 模式，而在打印时一般需要转换为印刷和打印输出所采用的 CMYK 模式。

CMY 模式是使用青色（Cyan）、品红（Magenta）、黄色（Yellow）三种基本颜色按一定比例合成色彩的方法。CMY 模式与 RGB 模式不同，因为色彩不是直接由来自于光线的颜色产生的，而是由照射在颜料上反射回来的光线所产生的。颜料会吸收一部分光线，而未吸收的光线会反射出来，成为视觉判定颜色的依据。利用这种方法产生的颜色称为相减混色。

在相减混色中，当三种基本颜色等量相减时得到黑色或灰色；等量黄色和品红相减且青色为 0 值时得到红色；等量青色和品红相减且黄色为 0 值时得到蓝色；等量黄色和青色相减且品红为 0 值时得到绿色。

虽然理论上利用 CMY 三基色混合可以制作出所需要的各种色彩，但实际上同量的 CMY 混合后并不能产生完全的黑色或灰色。因此，在印刷时常加一种真正的黑色（Black），这样即构成了 CMYK 模式。

RGB 与 CMY 模式是互补模式，可以相互转换。但实际上因为发射光与反射光的性质完全不同，显示器上看到的颜色不可能精确地在彩色打印机上复制出来，因此实际的转换过程会有一定程度的失真，应尽量减少转换的次数。

3) HSB 模式

RGB 模式和 CMYK 模式都是因产生颜色硬件的限制和要求形成的，而 HSB 模式则是模拟人眼感知颜色的方式，比较容易为从事艺术绘画的画家们所理解。HSB 模式使用色调（Hue）、饱和度（Saturation）和亮度（Brightness）三个参数来生成颜色。利用 HSB 模式描述颜色比较自然，但实际使用却不方便，例如显示时要转换成 RGB 模式，打印时要转换为 CMYK 模式等。

4) 灰度模式与黑白模式

灰度模式采用 8 位来表示一个像素，即将纯黑和纯白之间的层次等分为 256 级，就形成了

256 级灰度模式，它可以用来模拟黑白照片的图像效果。

黑白模式只采用 1 位来表示一个像素，于是只能显示黑色和白色。黑白模式无法表示层次复杂的图像，但可以制作黑白的线条图。

三、常见的图像格式

图像在存储媒体（如磁盘、光盘）中存储的格式，称为文件格式。常用的存储格式有 BMP、JPEG、GIF、PSD、PCX 和 TIFF 等。

1. BMP 格式

BMP（Bitmap）文件是 Windows 操作系统中的标准图像文件格式，是一种典型的位映射存储形式，它支持 RGB、索引颜色、灰度和位图颜色模式。为了处理方便，BMP 文件都不压缩，所以这类文件的数据量很大。

2. JPEG 格式

JPEG 是按联合图像专家组（Joint Photographic Experts Group）制定的压缩标准，是基于 DCT 压缩算法进行存储的图像文件格式，其压缩技术十分先进，它是使用有损压缩方式去除冗余的图像和彩色数据，但是这种损失很小，以至于人们很难察觉。用户可以根据自己的需要选择 JPEG 文件的压缩比，当压缩比高达 48:1 时，仍可以保持很好的图像效果。JPEG 图像文件格式是目前应用范围非常广泛的一种图像文件格式，在对于连续色阶呈现的 24 位图像进行压缩时，JPEG 格式是最好的选择。

3. GIF 格式

GIF（Graphics Interchange Format）是由 CompuServe 公司为了制定彩色图像传输协议而开发的图像格式文件。它最多只能支持 256 种颜色的调色板，通常用于以较大色块而非连续色阶呈现的图像。GIF 文件在存储时都经 LZW 压缩，可以将文件的大小压缩至原来的 1/20。GIF 格式的特点是压缩比高，磁盘空间占用较少，所以这种图像格式迅速得到了广泛的应用。

目前，在多媒体制作和网页制作中经常用到这种格式的文件。GIF 格式已成为网页图片的标准格式，除了其文件较小，可以减少下载时间外，还具有三个主要特点：

（1）交错显示。交错式的 GIF 图像在下载时最初以低分辨率显示，让用户看到模糊图像的全貌，随着下载的进行，逐渐达到高分辨率显示，这样可以避免用户等待图像下载过程的枯燥乏味。

（2）透明。GIF 图像允许将画面的某一种颜色设置为"透明"，这种特性可以为图像画面的主体重新选择背景。

（3）动画效果。GIF 文件格式允许在一个文件中放置多幅画面，随着几幅画面的连续显示就形成了简单的动画效果。

4. PSD 格式

PSD 格式是 Adobe 公司开发的图像处理软件 Photoshop 中自带的标准文件格式，是 Photoshop 的默认文件格式，它支持 Photoshop 的所有功能，能保存没有合并的图层、通道和蒙版等信息，以便于下次打开文件时可以修改上一次的设计。在 Photoshop 所支持的各种图像格式中，PSD 的存取速度比其他格式快很多，功能也很强大。其缺点是很少有其他图像软件能读取这种格式，且存盘容量较大。

5. PCX 格式

PCX 是 ZSoft 公司研制开发的图像处理软件——PC Paintbrush 所使用的文件格式。PCX 图像文件格式特别适用于现在已广泛普及的 PC 上的绘画程序,是在 PC 上使用时间最久的一种位图格式,也是得到最广泛支持的一种。它支持单色、16 色,最高支持 256 色的图像,图像大小可达到64 KB。PCX 文件在存储时都要经过 RLE 压缩,读写 PCX 时需要一段 RLE 编码和解码程序。

6. TIFF 格式

TIFF(Tag Image File Format)称为标记图像文件格式。它是 Aldus 和 Microsoft 公司为扫描仪和桌面出版系统研制开发的较为通用的图像文件格式。它的特点是图像格式复杂、存储信息多。正因为它存储的图像细微层次的信息非常多,图像的质量也得以提高,故而非常有利于原稿的复制。如果想打印图片,TIFF 是最佳的图像格式。TIFF 的存储格式可以压缩也可以不压缩,压缩的方法也不止一种。TIFF 不依赖于操作环境,具有可移植性。它不仅可作为图像信息交换的有效媒介,更可作为图像编辑程序的基本内部数据格式,具有多用性。TIFF 文件格式支持从单色到 32 位真彩色的所有图像,适用于多种操作平台和多种机型,如 PC 和苹果 Macintosh,具有多种数据压缩存储方式等。

7. PNG 格式

PNG(Portable Network Graphics)是一种新兴的网络图像格式,它汲取了 GIF 和 JPEG 两者的优点并将之发挥得淋漓尽致,是目前保证最不失真的格式。它具有存储形式丰富的特点,采用无损压缩方式来减小文件;它的另外一大特点是显示速度快,只需下载 1/64 的图像信息就可以显示出低分辨率的预览图像。越来越多的软件开始支持这一格式,而且在网络上也开始流行,遗憾的是,目前它还不支持动画。

四、Photoshop CC 2019 界面介绍

打开 Photoshop 之后,就会看到如图 2-3 所示的工作界面。

图 2-3　Photoshop CC 2019 工作界面

Photoshop 工作界面包含了整个绘图窗口以及在窗口中排列的工具箱、工具选项栏以及参数设置面板等各个组成部分。熟悉 Photoshop 的应用界面是学习 Photoshop 的第一步，下面介绍各个部分的具体功能。

1. 标题栏

标题栏显示 Photoshop 图标按钮、菜单栏和控制按钮。标题栏右边的三个按钮从左往右依次为最小化、最大化/还原和关闭按钮，分别用于缩小、放大/还原和关闭应用程序窗口。

2. 菜单栏

菜单栏中的菜单可以执行 Photoshop 的命令。菜单栏中共有 11 个菜单，每个菜单都带有一组自己的命令。

3. 工具选项栏

工具选项栏取代了以往版本中的工具选项面板，从而使得用户对工具属性的调整变得更加直接和简单。

4. 工具箱

工具箱包含了 Photoshop 中各种常用的工具，如图 2-4（a）所示。单击某一工具按钮就可以调出相应的工具使用。单击顶端的双三角图标，可切换单列或双列。右击按钮可展开子项目，如图 2-4（b）所示。

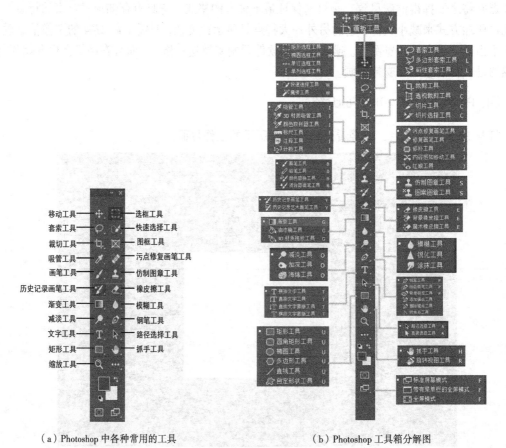

（a）Photoshop 中各种常用的工具　　　　　（b）Photoshop 工具箱分解图

图 2-4　工具箱

（1）选框工具。选框工具集包括矩形选框工具、椭圆选框工具、单行选框工具、单列选框工具。

矩形选框工具：选取该工具后，在图像上拖动鼠标可以确定一个矩形的选取区域，也可以在工具选项栏中将选区设定为固定的大小。如果在拖动的同时按住【Shift】键可将选区设定为正方形。

椭圆选框工具：选取该工具后在图像上拖动可确定椭圆形选取工具，如果在拖动的同时按住【Shift】键可将选区设定为圆形。

单行选框工具：选取该工具后在图像上拖动可确定单行（一个像素高）的选取区域。

单列选框工具：选取该工具后在图像上拖动可确定单列（一个像素宽）的选取区域。

（2）移动工具，用于移动选取区域内的图像。

（3）套索工具，如图 2-5 所示。

图 2-5　套索工具

该工具集包括套索工具、多边形套索工具和磁性套索工具。

套索工具：用于通过鼠标等设备在图像上绘制任意形状的选取区域。

多边形套索工具：用于在图像上绘制任意形状的多边形选取区域。

磁性套索工具：用于在图像上为具有一定颜色属性的物体的轮廓线设置路径。

（4）魔棒工具，如图 2-6 所示。

图 2-6　魔棒工具

该工具集包括快速选择工具和魔棒工具，其中常用的为魔棒工具。

魔棒工具：用于将图像上具有相近属性的像素设为选取区域。

（5）裁剪工具，用于从图像上裁剪需要的图像部分。

（6）切片工具，该工具集包括切片工具和切片选取工具。

切片工具：选定该工具后在图像工作区拖动，可画出一个矩形的切片区域。

切片选取工具：选定该工具后在切片上单击可选中该切片，如果在单击的同时按住【Shift】键可同时选取多个切片。

（7）图像修复工具，如图 2-7 所示。

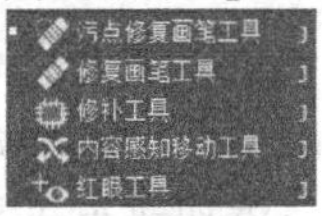

图 2-7　图像修复工具

该工具集包含污点修复画笔工具、修复画笔工具、修补工具、内容感知移动工具和红眼工具。

（8）画笔工具，如图 2-8 所示。

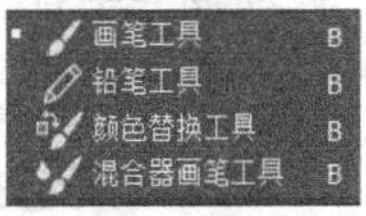

图 2-8　画笔工具

该工具集包括画笔工具、铅笔工具、颜色替换工具和混合器画笔工具，它们也可用于在图像上作画。其中常用的为画笔工具和铅笔工具。

画笔工具：用于绘制具有画笔特性的线条。

铅笔工具：具有铅笔特性的绘线工具，绘线的粗细可调。

（9）图章工具，如图 2-9 所示。

图 2-9　图章工具

该工具集包含仿制图章工具和图案图章工具。

仿制图章工具：用于将图像上用图章擦过的部分复制到图像的其他区域。

图案图章工具：用于复制设定的图像。

（10）历史画笔工具，如图 2-10 所示。

图 2-10　历史画笔工具

该工具集包含历史记录画笔工具和历史记录艺术画笔工具。

历史记录画笔工具：用于恢复图像中被修改的部分。

历史记录艺术画笔工具：用于使图像中划过的部分产生模糊的艺术效果。

（11）橡皮擦工具，如图 2-11 所示。

图 2-11　橡皮擦工具

该工具集包括橡皮擦工具、背景橡皮擦工具、魔术橡皮擦工具。

橡皮擦工具：用于擦除图像中不需要的部分，并在擦过的地方显示背景图层的内容。

背景橡皮擦工具：用于擦除图像中不需要的部分，并使擦过区域变成透明。

魔术橡皮擦工具：用于擦除与鼠标单击处颜色相近的像素。

（12）渐变工具与油漆桶工具，如图 2-12 所示。

图 2-12　渐变工具与油漆桶工具

该工具集包括渐变工具和油漆桶工具。

渐变工具：在工具箱中选中“渐变工具”后，在选项面板中可进一步选择具体的渐变类型。

油漆桶工具：用于在图像的确定区域内填充前景色。

（13）减淡工具。利用减淡工具能够表现图像中的高亮度效果。利用减淡工具在特定的图像区域内进行拖动，然后让图像的局部颜色变得更加明亮，这对处理图像中的高光非常有用。

（14）路径工具，如图 2-13 所示。

图 2-13　路径工具

该工具集包括路径选择工具和直接选择工具。

路径选择工具：用于选取已有路径，然后进行位置调节。

直接选择工具：用于调整路径上固定点的位置。

（15）钢笔工具，如图 2-14 所示。

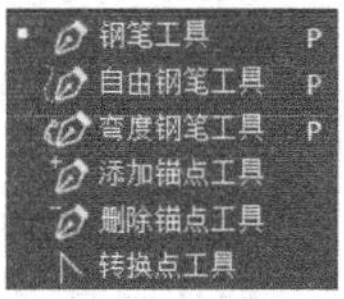

图 2-14　钢笔工具

该工具集包括钢笔工具、自由钢笔工具、弯度钢笔工具、添加锚点工具、删除锚点工具和转换点工具。

钢笔工具用于绘制路径，选定该工具后，在要绘制的路径上依次单击，可将各个单击点连成路径。

自由钢笔工具：用于手绘任意形状的路径，选定该工具后，在要绘制的路径上拖动，即可画出一条连续的路径。

添加锚点工具：用于增加路径上的固定点。

删除锚点工具：用于减少路径上的固定点。

转换点工具：使用该工具可以在平滑曲线转折点和直线转折点之间进行转换。

（16）文字工具，如图 2-15 所示。

该工具集包括横排文字工具、直排文字工具、横排文字蒙版工具和直排文字蒙版工具。

横排文字工具：用于在图像上添加文字图层或放置文字。

直排文字工具：用于在图像的垂直方向上添加文字。

横排文字蒙版工具：用于向文字添加蒙版或将文字作为选区选定。

直排文字蒙版工具：用于在图像的垂直方向添加蒙版或将文字作为选区选定。

（17）多边形工具，如图 2-16 所示。

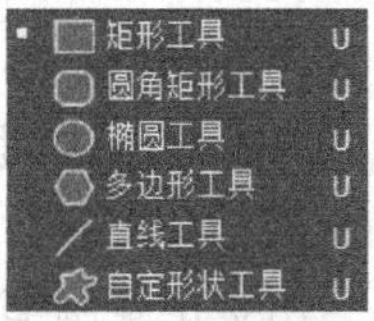

图 2-16　多边形工具

该工具集包括矩形工具、圆角矩形工具、椭圆工具、多边形工具、直线工具和自定形状工具。

矩形工具：选定该工具后，在图像工作区内拖动可产生一个矩形图形。

圆角矩形工具：选定该工具后，在图像工作区内拖动可产生一个圆角矩形图形。

椭圆工具：选定该工具后，在图像工作区内拖动可产生一个椭圆形图形。

多边形工具：选定该工具后，在图像工作区内拖动可产生一个各条边（默认五条边）等长的多边形图形。

直线工具：选定该工具后，在图像工作区内拖动可产生一个直线图形。

自定形状工具：选定该工具后，在工具选项栏中选择形状，在图形工作区内拖动可产生相应图形。

（18）注解工具。注解工具集包含一个笔注解工具和一个声音注解工具。

笔注解工具：用于生成文字形式的附加注解文件。

声音注解工具：用于生成声音形式的附加注解文件。

（19）吸管与度量工具，如图 2-17 所示。

该工具集包括吸管工具、3D 材质吸管工具、颜色取样器工具、标尺工具、注释工具和计数工具。其中常用的为吸管工具和颜色取样器工具。

图 2-17　吸管与度量工具

吸管工具：用于选取图像上鼠标单击处选定的颜色，并将其作为前景色。

颜色取样器工具：用于将图像上鼠标单击选定处周围四个像素点颜色的平均值作为选取色。

（20）观察工具，用于移动图像处理窗口中的图像，以便对显示窗口中没有显示的部分进行观察。

（21）缩放工具，用于缩放图像处理窗口中的图像，以便进行观察处理。

5. 图像窗口

图像窗口即图像显示的区域，在这里可以编辑和修改图像，对图像窗口也可以进行放大、缩小和移动等操作。

6. 参数设置面板

窗口右侧的小窗口称为控制面板，可以使用它们配合图像编辑操作和 Photoshop 的各种功能设置。执行"窗口"菜单中的一些命令，可打开或者关闭各种参数设置面板。

7. 状态栏

窗口底部的横条称为状态栏，它能够提供一些当前操作的帮助信息。

8. Photoshop 桌面

在这里可以随意摆放 Photoshop 的工具箱、控制面板和图像窗口，此外还可以双击桌面上的空白部分打开各种图像文件。

五、图层

1. 图层的概念

图层在设计过程中比较重要，初学者要特别注意图层的层次问题，因为层次会引起遮挡。图层是 Photoshop 中很重要的一部分，图层也已经成为所有图像软件的基础概念之一。

究竟什么是图层呢？它有什么意义和作用呢？比如在纸上画一个人脸，先画脸庞，再画眼睛和鼻子，然后是嘴巴。画完以后发现眼睛的位置歪了一些。那么只能把眼睛擦除掉重新画，并且还要对脸庞作一些相应的修补。这当然很不方便。在设计的过程中也是这样，很少有一次成型的作品，常常是经历若干次修改以后才能得到比较满意的效果。

那么想象一下，如果不是直接画在纸上，而是先在纸上铺一层透明的塑料薄膜，把脸庞画在这张透明薄膜上，画完后再铺一层薄膜画眼睛，再铺一张画鼻子，如图 2-18 所示，将脸庞、鼻子、眼睛分为三个透明薄膜层，最后组合在一起。这样完成之后的成品，和先前那幅在视觉效果上是一致的。

虽然视觉效果一致，但分层绘制的作品具有很强的可修改性，如果觉得眼睛的位置不对，可以单独移动眼睛所在的那层薄膜以达到修改的效果。甚至可以把这张薄膜丢弃重新画眼睛。而其余的脸庞、鼻子等部分不受影响，因为它们被画在不同层的薄膜上。这种方式极大地提高了后期修改的便利，最大可能地避免了重复劳动。因此，将图像分层制作是明智的。

在 Photoshop 中也可以使用类似"透明薄膜"的概念来处理图像。在图层面板中可以查看和管理 Photoshop 中的图层。图层面板是最经常使用的面板之一，通常与通道和路径面板合并在一起。一幅图像中至少且必须有一个图层存在。

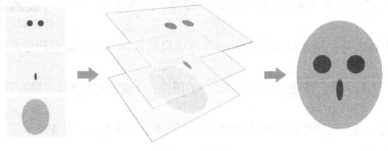

图 2-18　图层

如果新建图像时背景内容选择白色或背景色，那么新图像中就会有一个背景图层存在，并且有一个锁定的标志🔒，如图 2-19 所示。

在这里明确图像和图层的关系：图层从属于图像，一幅图像中可以存在多个图层。

图像是指最初由新建命令（或打开已有的图像）建立的，是由若干（至少一个）图层所合成的整体效果，它具有尺寸和边界。

图层实际上是没有边界的，可包含比整个图像更大的内容，但超出图像尺寸范围的部分用户看不到。这就如同风景和相机的关系一样，拍摄下来的照片能反映出局部的风景，但不代表实际的风景就只有照片中那么多。

可以认为一幅图像中各图层的大小是相同的，因为都是无限大。只是不同图层中所包含的像素可能不同。所谓像素不同就是指图层中图像的大小或颜色有所差异。

2. 图层的操作

选择"窗口"→"图层"命令打开"图层"面板（【F7】快捷键），如图 2-20 所示。从图中可以看到"图层"面板从最上面的图层开始，列出了图像中的所有图层和图层组。在这里，可以对图层进行创建、隐藏、显示、复制、链接、合并、锁定和删除等操作。

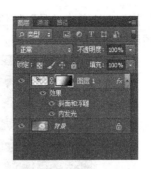

图 2-19　Photoshop 中的图层　　　　　图 2-20　图层的操作

1）创建图层

在实际的创作中，经常需要创建新的图层来满足设计的需要，单击"图层"面板中的"创建新的图层"按钮，新建一个空白图层，这个新建的图层会自动依照建立的次序命名，第一次新建的图层为"图层 1"，如图 2-21 所示。

现在，在新建的图层上创建一个带有渐变颜色的圆形，作为水晶按钮的底色，效果如图 2-22 所示。

图 2-21　创建图层　　　　　　　　图 2-22　创建一个带有渐变颜色的圆

2）复制图层

复制图层是较为常用的操作。先选中"图层 1"，再用鼠标将"图层 1"的缩览图拖动至"创建新的图层"按钮上，如图 2-23 所示。释放鼠标，"图层 1"复制成功，被复制出来的图层名称为"图层 1 副本"，它位于"图层 1"的上方，两个图层中的内容一样，如图 2-24 所示。

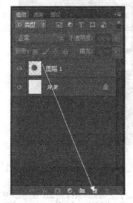

图 2-23　拖动"图层 1"　　　　　　　图 2-24　复制图层

3）删除图层

对于没有用的图层，可以将它删除。先选中要删除的图层，然后单击"图层"面板上的"删除图层"按钮，再单击"是"按钮，这样选中的图层就被删除了。也可以在图层面板上直接用鼠标将图层的缩览图拖放到"删除图层"按钮上进行删除，如图 2-25 和图 2-26 所示。

图 2-25　将图层的缩览图拖放到"删除图层"按钮上

图 2-26　图层已删除

4）调整图层的叠放次序

Photoshop 中的图像一般由多个图层组成，而多个图层之间是一层层往上叠放的，因而上方的图层会遮盖其下方图层的内容。

在编辑图像时，可以调整图层之间的叠放次序来实现设想的效果。在"图层"面板中，选择要调整次序的图层并拖放至适当的位置，这样就可以调整图层的叠放次序。

接着制作水晶按钮，看看调整图层叠放次序前后的效果。首先新建一个图层"图层 3"，然后用"画笔工具"在图层上绘制水晶球的反光效果，如图 2-27 所示，接着用刚刚介绍的方法把反光效果的图层调整到"图层 1"的下方，如图 2-28 所示，这样反光效果就被"图层 1"遮住了。

图 2-27　水晶球的反光效果

图 2-28　反光效果图层拖动到"图层 1"下方

提示：也可以单击"图层"→"排列"命令来调整图层次序。按 Ctrl+[组合键和 Ctrl+]组合键也可改变当前图层的上下关系。

5）图层的透明度

除了改变位置和层次以外，图层一个很重要的特性就是可以设定不透明度。降低不透明度后图层中的像素会呈现出半透明的效果，这有利于进行图层之间的混合处理。

　　不透明度综合应用的例子在 Photoshop 中很常见，也并不复杂。举个例子，比如新建一层用 50%不透明度的笔刷绘制图案，当图层不透明度为 100%的时候，图案就已经是 50%的不透明效果了。如果图层不透明度再下降为 50%，那么图案的实际不透明度就应该是 50%基础上再50%，就是 25%。这时所看到的效果，应该和用 100%不透明度的笔刷绘制后将图层不透明度降为 25%的效果（100%基础上的 25%，就是 25%）是一致的。可以调出"信息"面板，比较两者的色彩数值，应该是相等的。当然，如果用 25%的笔刷然后以 100%的图层不透明度显示，效果也相同。从这里不难总结出，图像的实际不透明度就是与之有关的几个不透明度值的乘积，如图 2-29 所示。

　　在实际的操作中，图层不透明度因为位置明显所以大家经常只记得这个不透明度控制，而忽略了 Photoshop 中其他的不透明度控制。其他的不透明度控制主要是指绘图工具在绘制时工具本身的不透明度设置。初学者常因为图层不透明度为 100%时图像还是半透明而感到困惑，这很可能就是因为没有设置绘图工具的不透明度。

100% 绘制　　50% 绘制
25% 不透明　　50% 不透明

图 2-29　不透明度设置

　　读者在使用画笔等绘图工具时最好都设为 100%不透明度，后期通过调节图层不透明度去实现各种半透明效果。

　　首先，绘图工具的不透明度要在绘制前设置，然后在绘制时才能看到效果，也可以撤销，然后重新设置再行绘制。图层不透明度不仅调节方便，并且效果立现，可以直接修改无须重绘。

　　其次，透明度在后期调整中只能降低而不能提高。如果先使用 50%的笔刷绘制了图像，那么在以后的调整中只能降低而无法高于开始的 50%不透明度。所以为了保留最大的调整余地，也为了方便及简化操作，应该把图像的半透明效果由图层不透明度参数设置。

　　当然，在实际的制作中也常会遇到需要在一个图层的不同区域设置多种不透明度的情况。那么首先考虑能够分层制作，在不同层中设置不透明度。如果难于分层制作，则在绘制时都使用 100%不透明度，然后使用图层蒙版去实现不同位置的不同半透明效果。图 2-30 即是使用图层蒙版实现了同一图层中不同区域的多种不透明度。

图 2-30　效果图

　　这里要说明一下，"信息"面板中所反映的色彩数值，是以在图像上所呈现的效果为准的。并不是以图层中实际像素的颜色为准。这一点与不透明度的数值显示原理相同。造成图层中实际像素颜色值与呈现效果中颜色值不同的原因目前有两个：一是图层中像素的不透明度低于100%（无论是绘制时设置还是后期更改图层不透明度），造成了与下方图层中颜色产生混合；二是由于更改了图层混合模式，即使图层中像素的不透明度为100%，而图层本身的不透明度设定也是100%，也会造成与下方图层中的颜色产生混合。

　　上面提到的在"图层"面板中的"填充"百分比，它的效果看起来和图层不透明度差不多，那么它们有什么区别呢？此处的填充也是一种不透明度，但它只针对图层中原始的像素起作用。

　　那什么是原始像素呢？就是指如同刚才那样画上去的图形，可以是用画笔、形状或者填充选区等方式绘制出来的，也可以是从其他图像中粘贴过来的部分。

　　与之相对应的，有一种类型的图像不是通过绘制或粘贴产生，而是通过其他方式表现出来的。

六、通道与蒙版

1. 通道

　　在 Photoshop 中，通道的主要功能是保存图像的颜色信息，也可以保存图像中的选区，还可以通过对通道的各种运算来合成具有特殊效果的图像。

　　在 Photoshop 中，每个图像的任何一个通道中的像素都包含了 8 位数据，也就是 0～255 级的 256 级灰度值。

2. 蒙版

　　蒙版是创建选区的高级技术，可以在多个选区之间相互叠加、交叉，并对选区进行修补较正。选区实际上是一个临时蒙版，但不能保存，而蒙版则能保存到 Alpha 通道中，可以访问并调用。

　　在蒙版中，选择区呈白色，非选择区呈黑色，羽化边缘呈灰色（黑色到白色的过渡颜色）。蒙版分为快速蒙版、通道蒙版和图层蒙版。

　　蒙版可以将图像的某部分分离开来，保护图像的某部分不被编辑。当基于一个选区创建蒙版时，没有选中的区域成为被蒙版蒙住的区域，也就是被保护的区域，可防止被编辑或修改。利用蒙版可以将花费很多时间创建的选区存储起来随时调用，另外，也可以将蒙版用于其他复杂的编辑工作，如对图像执行颜色变换或滤镜效果等。

　　在 Photoshop 中，可以创建像快速蒙版（Quick Mask）这样的临时蒙版。

　　当以快速蒙版模式工作时，通道面板中出现一个临时的快速蒙版通道。但是所做的所有蒙版编辑都是在图像窗口中进行的。也可以创建永久性的蒙版，如将它们存储为特殊的灰阶通道——Alpha 通道。还可以通过在 Alpha 通道中存放和编辑选区来创建更多永久性的蒙版。

　　Alpha 通道具有以下特点：

　　（1）每幅图像能够包含最多 24 个通道，包括所有颜色通道和 Alpha 通道。所有通道都是 8 位灰度图像，能够显示 256 级灰阶。

　　（2）可以添加或删除 Alpha 通道。

　　（3）可以指定每个通道的名称、颜色、蒙版选项和不透明度（不透明度影响通道的预览，而不影响图像）。

（4）所有新通道具有与原图像相同的尺寸和像素数目。

（5）可以使用绘画和编辑工具在 Alpha 通道中编辑蒙版。

（6）将选区存放在 Alpha 通道使选区变得永久有效，以便在同一图像或不同的图像中重复使用它们。

Photoshop 也利用通道存储颜色信息和专色信息。和图层不同的是，通道不能打印，但可以使用通道面板来观看和使用 Alpha 选区通道。

例：制作玻璃门效果，掌握 Photoshop 图层、图层样式与滤镜的使用。

（1）启动 Photoshop，打开原始素材图片，使用矩形选框工具拖出一个矩形选区，如图 2-31 所示。

（2）按【Ctrl+J】组合键复制出一个图层，选择"滤镜"→"模糊"→"高斯模糊"命令，打开"高斯模糊"对话框，将"半径"设置为 3.5 像素，如图 2-32 所示，对该图层进行模糊，模糊后的效果如图 2-33 所示。

图 2-31　矩形选框

图 2-32　"高斯模糊"对话框

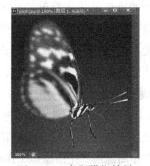

图 2-33　高斯模糊效果

（3）为该图层应用玻璃滤镜效果。选择"滤镜"→"扭曲"→"玻璃"命令，打开"玻璃"对话框，设置滤镜参数，同时在左侧的预览窗口会显示预览效果，如图 2-34 所示，单击"确定"按钮即可，最终效果如图 2-35 所示，图像中的蝴蝶就像在玻璃门后面一样。

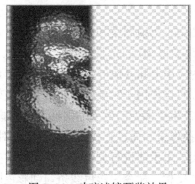

图 2-34　玻璃滤镜预览效果

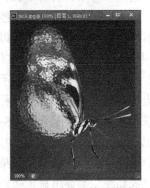

图 2-35　玻璃滤镜最终效果

提示：使用滤镜可以实现很多神奇的效果，同一个滤镜设置不同的参数，实现的效果可能就会有很大的差别，读者在使用时要多实验摸索。

项目实现

1. 渐变工具

渐变工具可以创建多种颜色间的逐渐混合，可以从预设渐变填充中选取或创建自己的渐变。使用渐变工具的方法如下：

（1）如果要填充图像的一部分，先选择要填充的区域；否则，渐变填充将应用于整个当前图层。

（2）选择渐变工具，然后在选项栏中选取渐变样式。

（3）在选项栏中选择一种渐变类型，包括："线性渐变""径向渐变""角度渐变""对称渐变""菱形渐变"。

（4）将指针定位在图像中要设置为渐变起点的位置，然后拖动以定义终点。

2. 自由变换和变换

打开菜单栏的"编辑"菜单，会看到"自由变换"和"变换"这两个子菜单。"变换"子菜单下还有更多的命令可以选择，如"缩放""旋转""水平翻转""垂直翻转"等。

3. 滤镜的含义

滤镜的操作是非常简单的，但是真正用起来却很难恰到好处。滤镜通常需要同通道、图层等联合使用，才能取得最佳艺术效果。如果想在最适当的时候应用滤镜到最适当的位置，除了平常的美术功底之外，还需要用户对滤镜的熟悉和操控能力，甚至需要具有很丰富的想象力。这样，才能有的放矢地应用滤镜，发挥出艺术才华。

4. 滤镜分类

（1）杂色滤镜。杂色滤镜有四种，分别为蒙尘与划痕、去斑、添加杂色、中间值滤镜，主要用于校正图像处理过程（如扫描）的瑕疵。

（2）扭曲滤镜。扭曲滤镜（Distort）是 Photoshop "滤镜"菜单下的一组滤镜，共 12 种。这一系列滤镜都是用几何学的原理来把一幅影像变形，以创造出三维效果或其他的整体变化。每一个滤镜都能产生一种或数种特殊效果，但都离不开一个特点：对影像中所选择的区域进行变形、扭曲。

（3）抽出滤镜。抽出滤镜用于抠图。抽出滤镜的功能强大，使用灵活，是 Photoshop 的专用抠图工具。它简单易用，容易掌握，如果使用得好，抠出的效果非常好，可以抠繁杂背景中的散乱发丝，也可以抠透明物体和婚纱。

（4）渲染滤镜。渲染滤镜可以在图像中创建云彩图案、折射图案和模拟的光反射，也可在3D 空间中操纵对象，并从灰度文件创建纹理填充以产生类似 3D 的光照效果。

（5）CSS 滤镜。CSS 滤镜的标识符是 filter，总体的应用上和其他的 CSS 语句相同。CSS 滤镜可分为基本滤镜和高级滤镜两种。CSS 滤镜分类可以直接作用于对象上，并且立即生效的滤镜称为基本滤镜；而要配合 JavaScript 等脚本语言，能产生更多变幻效果的则称为高级滤镜。

（6）风格化滤镜。Photoshop 中风格化滤镜是通过置换像素和通过查找并增加图像的对比度，在选区中生成绘画或印象派的效果。它是完全模拟真实艺术手法进行创作的。在使用"查找边缘"和"等高线"等突出显示边缘的滤镜后，可应用"反相"命令用彩色线条勾勒彩色图像的边缘或用白色线条勾勒灰度图像的边缘。

（7）液化滤镜。液化滤镜可用于推、拉、旋转、反射、折叠和膨胀图像的任意区域。创建的扭曲可以是细微的或剧烈的，这就使液化命令成为修饰图像和创建艺术效果的强大工具。可将液化滤镜应用于 8 位/通道或 16 位/通道图像。

（8）模糊滤镜。模糊滤镜共包括 6 种滤镜，可以使图像中过于清晰或对比度过于强烈的区域产生模糊效果。它通过平衡图像中已定义的线条和遮蔽区域的清晰边缘旁边的像素，使变化显得柔和。

任务 1　制作青苹果图像

目的：制作如图 2-36 青苹果图像效果。

图 2-36　青苹果效果图

要点：运有基本工具及渐变工具的使用方法。

步骤 1　创建一个新的图像文件。选择"文件"→"新建"命令，打开"新建文档"对话框，在"预设详细信息"文本框中输入图像的名称"青苹果"。设置"宽度"为 600 像素，"高度"为 450 像素，然后在"颜色模式"下拉列表中选择"RGB 颜色"选项，其他参数为默认设置，如图 2-37 所示。

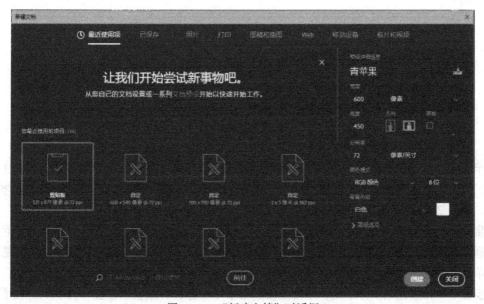

图 2-37　"新建文档"对话框

步骤 2　设置完后单击"创建"按钮，一个新的图像文件就创建好了，如图 2-38 所示。

步骤 3　首先建立一个圆形选区，通过设定选区可以指定对图像处理的范围。单击工具箱中的图标可以选中需要的工具。Photoshop 中还有一些隐藏的工具，比如这里将使用的椭圆选框工具。在相应的工具图标上右击，弹出列表如图 2-39 所示。将鼠标指针移动到列表中相应的工具图标上并单击，即可选择隐藏了的工具。椭圆选框工具的选择如图 2-40 所示。

图 2-38　创建的图像文件

图 2-39　右击工具图标弹出列表

图 2-40　椭圆选框工具

步骤 4　选择工具后，将鼠标指针移动到图像窗口中，然后按住鼠标左键并向窗口的右下角拖动，这时会看到一个随着鼠标的拖动而变化的虚线椭圆形，如果这时释放鼠标左键，一个椭圆形选区就建立了，如图 2-41 所示。

由于需要制作的是一个正圆选区，因此在释放鼠标之前按住【Shift】键使选区成为正圆形。操作时先按住【Shift】键，然后释放鼠标左键，最后再释放【Shift】键，这样一个正圆形的选区就制作完毕了，如图 2-42 所示。

图 2-41　绘制椭圆形选区

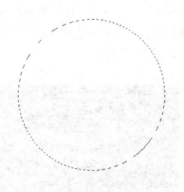

图 2-42　绘制正圆形选区

步骤 5　接下来使用渐变工具对选区进行填充，以营造立体的光影效果。在工具箱中选择渐变工具，然后在工具选项栏左上角单击"渐变编辑器"按钮████████，弹出"渐变编辑器"对话框，如图 2-43 所示。

步骤 6　设置渐变的颜色。先选择左端的色标，然后单击"颜色"按钮，弹出"拾色器"对话框，并设置"R""G"和"B"的颜色值分别为 16、69 和 13，如图 2-44 所示。设置完成后，单击"确定"按钮。

步骤 7　在颜色条下方单击，单击处便新增了一个色标，设置"位置"为 17%，接着同样单击"颜色"按钮，并设置"R""G"和"B"颜色值分别为 89、128 和 42，如图 2-45 所示，设置完成后，单击"确定"按钮。

步骤 8　按相同的方法依次新增其他色标，位置分别为 36%、55%、74% 和 100%，并设置它们相应的 RGB 颜色值（171，214，76）、（131，185，49）、（82，118，28）和（108，154，38），效果如图 2-46 所示。其他参数保持默认，设置完成后，单击"确定"按钮，渐变填充色就设置完成了。

提示：这些色标的位置和 RGB 颜色值是根据"青苹果"的颜色来确定的，不一定需要很准确，可以根据不同的需要进行调整。

图 2-43　"渐变编辑器"对话框

图 2-44　"拾色器"对话框

图 2-45　添加色标

图 2-46　渐变填充设置

步骤 9　在工具选项栏中单击"径向渐变"按钮，并把鼠标指针移动到图像选区的左上方，然后按下左键不放并向选区的右下方拖动，如图 2-47 所示。

步骤 10　释放鼠标左键，可以看到填充的渐变效果，如图 2-48 所示。

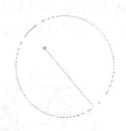

图 2-47　径向渐变填充

图 2-48　填充效果

步骤 11　苹果的主体已基本形成，下面来绘制苹果的柄。先从工具箱中选择画笔工具，接着单击工具选项栏左上方的"切换画笔设置面板"按钮，打开"画笔设置"面板，并在"画笔"面板中把"大小"设置为"12 像素",如图 2-49 所示。

步骤 12 然后单击"画笔设置"面板,同时选中"形状动态""传递"和"建立"这 3 个复选框,选择"传递"复选框,设置"不透明度抖动"的值为"0%","控制"设为"渐隐",大小为"20";设置"流量抖动"的值为"0%","控制"设为"钢笔压力",如图 2-50 所示。

图 2-49 画笔设置(1)

图 2-50 画笔设置(2)

步骤 13 在工具箱中,单击"设置前景色"按钮,弹出"拾色器(前景色)"对话框,设置苹果柄的颜色(设置为棕黑色,RGB 值分别为 79、63、44),如图 2-51 所示,单击"确定"按钮,并画出苹果柄,如图 2-52 所示。

图 2-51 前景色设置

图 2-52 效果图

步骤 14 用减淡工具绘制苹果的高光。选择工具箱中的减淡工具后,在工具选项栏中选择画笔类型,并设置"范围"为"高光","曝光度"为"16%",如图 2-53 所示。设置好后将鼠标指针移到高光区域绘制出高光部分,如图 2-54 所示。

图 2-53 高光参数设置

图 2-54 高光效果图

步骤 15　执行"选择"→"取消选择"命令，取消对苹果的选择，如图 2-55 所示，一个诱人的青苹果就制作完成了。

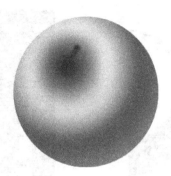

图 2-55　最终效果图

任务 2　制作商标图像

目的：利用文字变换来制作商标图像。

要点：图案的移动、缩放、旋转和反像。

步骤 1　启动 Photoshop，新建一个文件，新建"图层 1"，用椭圆选框工具制作圆形选区，然后单击油漆桶工具，选择前景色为"ff0000"，再填充颜色，如图 2-56 所示，然后再制作一个矩形选区，删除圆形选区的一半，如图 2-57 所示。

图 2-56　圆形选区

图 2-57　删除圆形选区的一半

步骤 2　制作圆形选区，然后删除圆形选区内的图形，这样就制作出了基础图形，如图 2-58 所示。

现在一个基本的图形制作好了，可以把它看作是字母 C 或 L 的变形。

步骤 3　首先将"图层 1"复制，默认名称为"图层 1 拷贝"，并把"图层 1 拷贝"的图案平行移动，实现移动的变化，如图 2-59 所示。

对于图案的变化，大体上有移动、缩放、旋转和反像等 4 种。这 4 种变化是实现多种图形变化的基础，遵循图案对称的原则，符合一

图 2-58　基础图形

般的商标制作方式。每一种都在能复制两个以上基本图形的基础上实现更多的变化。首先复制两个图形后结合这 4 种方式可以变化出多种形状，如图 2-60 所示。

图 2-59　复制图层

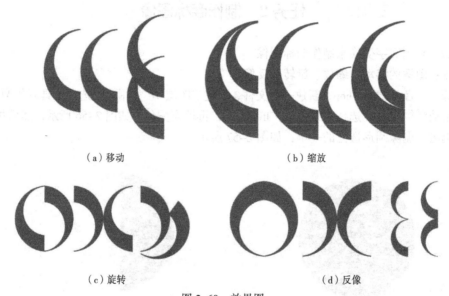

（a）移动　　　　　　　　　　　　　　（b）缩放

（c）旋转　　　　　　　　　　　　　　（d）反像

图 2-60　效果图

这里列举了两个图形的变化，其实还有很多种变化的图案。如果将这 4 种方式穿插应用，就会出现很多种不同的图案，如图 2-61 所示。

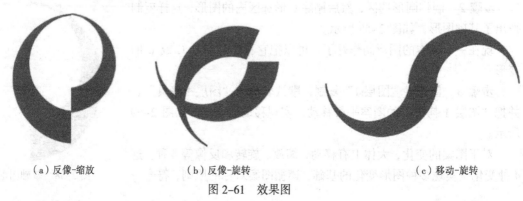

（a）反像-缩放　　　　　　（b）反像-旋转　　　　　　（c）移动-旋转

图 2-61　效果图

步骤 4　复制 3 个基础图案，并参照前面几种变化方式的组合，这里再列举部分图形，旋转角度分别是 120° 和-120°，形成对称的图形组合，如图 2-62 所示。

图 2-62　效果图

步骤 5　同样复制 4 个原始图案进行变化，固定旋转角度一般是 90°、180° 和-90°，形成的图案是同一个圆心或对称的，效果非常多，如图 2-63 所示。

步骤 6　同样可以复制 5~6 个图形来变化，这里就不一一列举了，方法是相同的。最后给设计的图形赋予特殊的含义，那么图形就上升到商标了。很多商标都用到了类似的制作方法，如图 2-64 所示。

图 2-63　效果图

图 2-64　常见的商标

使用此方法变化图形，对于初学者来说可以进行入门的商标制作了，但要设计一个好的商标，需要的知识还很多，在以后的制作中需要不断地学习和总结。

任务 3　制作滤镜文字效果

目的：滤镜文字效果。

要点：滤镜的使用。

步骤 1　新建一个文件（注意，这里是新建一个文件，不是新建一个图层），分辨率为 300 像素/英寸，尺寸为 800 × 600 像素，如图 2-65 所示。输入文字 PSCS，执行"图像"→"栅格化"→"文字"命令，如图 2-66 所示，并另存为文件，保存为 PSD 格式。

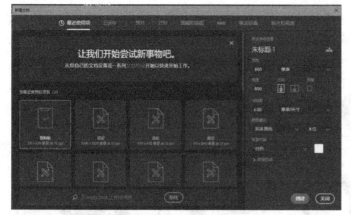

图 2-65　"新建文档"对话框

图 2-66　输入文字

步骤 2　执行"滤镜"→"扭曲"→"置换"命令，弹出"置换"对话框，将"水平比例"和"垂直比例"均设置为 5，如图 2-67 所示。

步骤 3　单击"确定"按钮，这时弹出"选择置换"图对话框，文件路径指向刚才存盘的置换图，单击"打开"按钮后，可以看到置换后扭曲变化的字样，如图 2-68 所示。

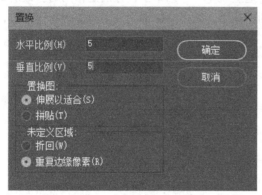

图 2-67　"置换"对话框

图 2-68　置换效果图

步骤 4　单击移动工具，按【Ctrl+T】快捷键自由变换，改变文字的位置，再次重复置换命令，使文字以不同的角度扭曲，如图 2-69 所示。

图 2-69　扭曲效果图

任务 4　制作锥体文字效果图像

目的：制作如图 2-70 所示的图像效果。

要点：图层面板的使用。

步骤 1　新建文件，设置尺寸为 600 × 600 像素。

图 2-70　锥体文字效果图

步骤 2　工具菜单选择文案工具 T，在图中输入 LOVE，字体大小为 300，字体为 Impact，如图 2-71 所示。

步骤 3　右击图层并选择"栅格化图层"命令，图层如图 2-72 所示。

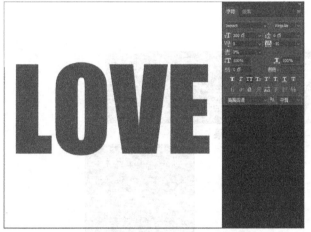

图 2-71　设置字体

图 2-72　栅格化图层

步骤 4　双击图层，选择"斜面和浮雕"命令，在弹出的"图层样式"对话框中设置"方法"为"平滑"，"深度"为"100%"，"大小"为"5"，"软化"为"0"，如图 2-73 所示。

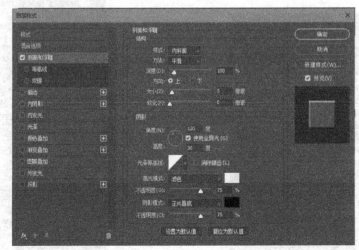

图 2-73　斜面和浮雕设置

步骤 5　按住【Ctrl】键并单击 ▣ ，选择"选择"→"修改"→"收缩"命令，在弹出的"收缩选区"对话框中设置收缩量为"3"，如图 2-74 所示。

　　步骤 6　复制图层"LOVE"，名称为"love 拷贝"如图 2-75 所示。

　　步骤 7　重复步骤 4 至步骤 6，6～7 次，每次"深度"加"100%"，"大小"加"5"，如图 2-76 所示。

图 2-74　设置收缩效果

图 2-75　复制 LOVE 图层

图 2-76　参数设置

步骤 8　完成后保存，如图 2-77 所示。

图 2-77　效果图

任务 5　制作文字渐变效果图像

目的：制作如图 2-78 所示的图像效果。

要点：渐变工具的使用。

图 2-78　效果图

步骤 1　选择"文件"→"新建"命令，在"新建文档"对话框中设置"宽度"为"600"，"高度"为"300"，"背景内容"为"黑色"，如图 2-79 所示。

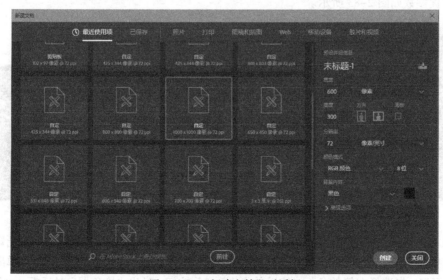

图 2-79　"新建文档"对话框

步骤 2　新建文字图层，输入文字 VISIN，并设置字体"Impact"，大小为"160 点"，"水平缩放"为"55%"，"所选字符的字距调整"为"480"，如图 2-80 所示。

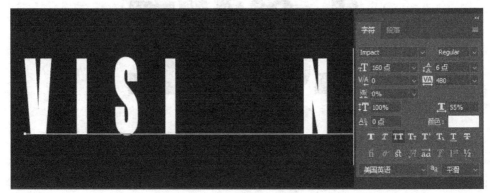

图 2-80　设置文字图层

　　步骤 3　选择文字图层，选择"图层"→"栅格化"→"文字"命令，如图 2-81 所示。
　　步骤 4　使用椭圆选框工具在文字 I 和 N 之间画圆形，并白色填充，如图 2-82 所示。

图 2-81　图层栅格化　　　　　　　　图 2-82　在文字 I 和 N 之间画圆

　　步骤 5　在文字图层中对文字进行描边，单击"编辑"→"描边"命令，弹出"描边"对话框，设置参数如图 2-83 所示。

图 2-83　在图层中对文字进行描边

　　步骤 6　选择文字图层，接下来使用渐变工具对选区进行填充，以营造立体的光影效果。在工具箱中选择渐变工具，再单击工具选项栏中的"按可编辑渐变"按钮▇，弹出"渐变编辑器"窗口，先选择左侧的色标，然后单击"颜色"按钮，弹出"拾色器"对话框，设置"R"、"G"和"B"的颜色值分别为 255、255 和 255，设置完成后，单击"确定"按钮。在颜色条下方单击，单击处便新增了一个色标，移动该色标位置使"位置"值为 10%，接着同样单击"颜色"按钮，并设置"R"、"G"和"B"颜色值分别为"255""255"和"100"。按相同的方法依次新增其他色标，位置分别为 25%、47%、48%、60%、75%和 100%，并设置它们相应的 RGB 颜色值分别为（255，255，0）、（150，50，0）、（255，255，255）、（255，255，100）、（255，255，0）和（150，50，0）。其他参数保持默认，并单击"确定"按钮，渐变填充色设置完成，如图 2-84 所示。

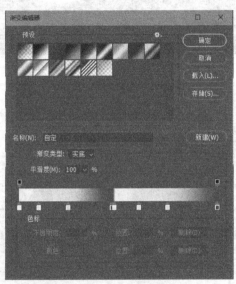

图 2-84　用"渐变工具"对选区进行填充

步骤 7　在工具选项栏中单击"线性渐变"按钮，并把鼠标指针移动到图像选区的下方，然后按住左键不放并向选区的上方拖动，如图 2-85 所示。

图 2-85　线性渐变填充选区

步骤 8　利用椭圆工具在"O"内选出正圆，如图 2-86 所示。

步骤 9　再单击工具选项栏中的"按可编辑渐变"按钮，弹出"渐变编辑器"窗口，设置合适的渐变颜色，如图 2-87 所示。

多媒体技术与应用

图 2-86　利用椭圆工具选出正圆

图 2-87　设置合适的渐变颜色

步骤 10　在工具选项栏中单击"径向渐变"按钮，并把鼠标指针移动到图像选区的左上方，然后按住鼠标左键不放并向选区的右下方拖动，如图 2-88 所示。

图 2-88　径向渐变填充选区

步骤 11　新建图层，利用矩形选框工具，绘制长方形并填充，如图 2-89 所示。

图 2-89　绘制长方形并填充

步骤 12　单击"图层"→"图层样式"→"斜面和浮雕"命令，弹出"图层样式"对话框，设置"方法"为"雕刻清晰"，"深度"为"400"，"大小"为"9"，"软化"为"10"，"角度"为"110"，"高度"为"20"，高光模式不透明度为 50%，阴影模式不透明度为 50%，如图 2-90 所示。

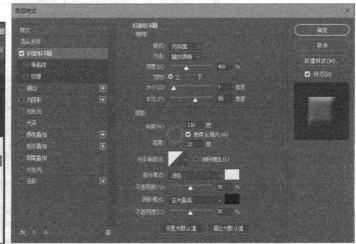

图 2-90　"图层样式"对话框

步骤 13　设置完成后保存，如图 2-91 所示。

图 2-91　最后效果

任务 6　制作幻彩纹理效果图像

目的：制作如图 2-92 所示的图像效果。
要点：滤镜工具的使用。

图 2-92　幻彩纹理

步骤 1　单击"文件"→"新建"命令，在弹出的"新建文档"对话框中设置"宽度"为"500"，"高度"为"400"，如图 2-93 所示。

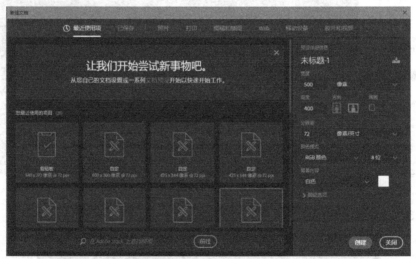

图 2-93　"新建文档"对话框

步骤 2　单击"滤镜"→"杂色"→"添加杂色"命令，弹出"添加杂色"对话框，如图 2-94 所示进行设置，然后单击"确定"按钮。

步骤 3　单击"滤镜"→"模糊"→"高斯模糊"命令，弹出"高斯模糊"对话框，如图 2-95 所示进行设置，完成后单击"确定"按钮。

步骤 4　单击"滤镜"→"风格化"→"查找边缘"命令，效果如图 2-96 所示。

步骤 5　单击"图像"→"调整"→"色阶"命令，弹出"色阶"对话框，如图 2-97 所示进行设置，完成后单击"确定"按钮。

步骤 6　完成后保存，效果如图 2-98 所示。

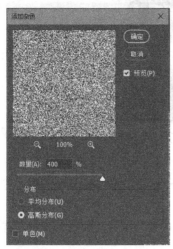

图 2-94　"添加杂色"对话框

图 2-95　"高斯模糊"对话框

图 2-96　"风格化"

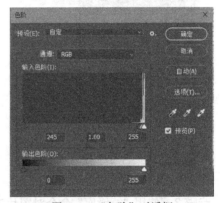

图 2-97　"色阶"对话框

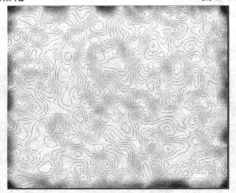

图 2-98　效果图

任务 7　制作滤镜特效

目的：制作如图 2-99 所示的图像效果。

要点：运用基本工具及滤镜的使用方法。

图 2-99　效果图

步骤 1　打开 C:\PS 任务 1-9\任务 1\素材\pic1.jpg、pic2.jpg，选中"背景"图层，右击后选择"复制图层"命令，如图 2-100 所示。

步骤 2　打开"复制图层"对话框，所有选项为默认设置，单击"确定"按钮，就可以得到名称为"背景 拷贝"的图像文件，如图 2-101 所示。

图 2-100　复制图层

图 2-101　"复制图层"对话框

步骤 3　使用"滤镜库"命令对图片进行设置，选中"背景 拷贝"图像文件，选择"滤镜"→"滤镜库"命令，如图 2-102 所示。

步骤 4　打开"滤镜对话框"，选择"纹理"→"鬼裂缝"选项，设置"裂缝间距"为 20，"裂缝深度"为 9，"裂缝亮度"为 9，如图 2-103 所示。

图 2-102　"滤镜库"命令

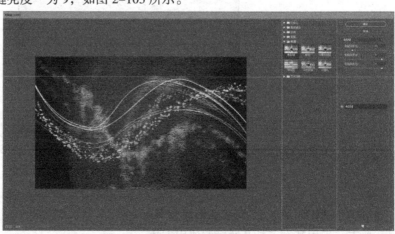

图 2-103　参数设置

步骤 5　设置完后单击"确定"按钮，一个新的图像文件就创建好了，如图 2-104 所示。

步骤 6　单击"移动工具"按钮，如图 2-105 所示，将图像文件"背景 拷贝"拖到图像文件 pic1.jpg 中，选择"编辑"→"自由变换"命令，如图 2-106 所示，按住【Shift】键将"背景 拷贝"文件变换到合适大小，如图 2-107 所示。

图 2-104　创建了新文件

图 2-105　移动工具

图 2-106　"自由变换"命令

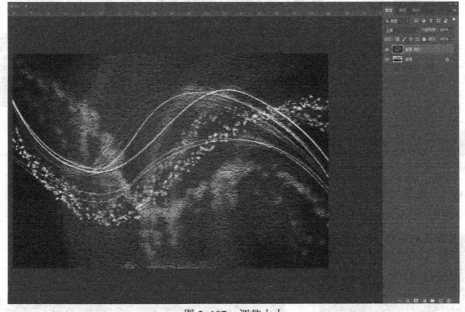

图 2-107　调整大小

步骤 7　选中背景右击，选择"复制图层"命令，如图 2-108 所示，打开"复制图层"对话框，所有选项为默认设置，单击"确定"按钮，就可以得到"背景 拷贝 2"图像文件，如图 2-109 所示。

图 2-108　复制图层

图 2-109　"背景 拷贝 2"图层

步骤 8　单击"背景 拷贝"图像文件，设置图层的混合模式为"滤色"，如图 2-110 所示，得到混合图像，如图 2-111 所示。

图 2-110　"滤色"命令

图 2-111　混合图像效果图

步骤 9　单击"横排文字工具"按钮，如图 2-112 所示，输入文字"舞动的青春"，左上角设置"字体"为"楷体"，"文字大小"为"60 点"，如图 2-113 所示。

图 2-112　横排文字工具

图 2-113　字体设置

步骤 10　单击"拾色器（文本颜色）"按钮，如图 2-114 所示，打开"拾色器（文本颜色）"对话框，设置"#"为"#f37e17"，设置完成后单击"确认"按钮，如图 2-115 所示。

步骤 11　单击"创建文字变形"按钮，如图 2-116 所示，打开"变形文字"对话框，在"样式"下拉列表中选择"波浪"选项，如图 2-117 所示，设置"弯曲"为"+50%"，单击"确定"按钮，如图 2-118 所示。这样，图片就制作完成了。

图 2-114　"拾色器（文本颜色）"按钮　　图 2-115　"拾色器（文本颜色）"对话框　　图 2-116　创建文字变形

图 2-117　设置样式

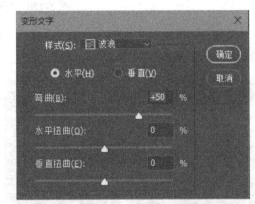

图 2-118　"变形文字"对话框

任务 8　制作木头纹理效果图像

目的：制作如图 2-119 所示的图像效果。

图 2-119　木头纹理效果图

木纹制作

要点：滤镜的使用。

步骤1 新建文档，尺寸为 700×700 像素，如图 2-120 所示。

图 2-120 "新建文档"对话框

步骤2 设置"前景色"为"c85428"，如图 2-121 所示，设置"背景色"为"ad2800"，如图 2-122 所示。

图 2-121 设置前景色

图 2-122 设置背景色

步骤3 选择"滤镜"→"渲染"→"云彩"命令，如图 2-123 所示。

步骤4 选择"滤镜"→"杂色"→"添加杂色"命令，弹出"添加杂色"对话框，设置"数量"为"4"，选中"高斯分布"单选按钮和"单色"复选框，如图 2-124 所示。

步骤5 选择"滤镜"→"滤镜库"→"艺术效果"→"干画笔"选项，设置"画笔大小"为"5"，"画笔细节"为"5"，"纹理"为"2"，如图 2-125 所示。

步骤6 选择"滤镜"→"扭曲"→"切变"命令，弹出"切变"对话框，设置如图 2-126 所示。

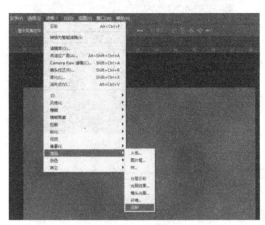

图 2-123　效果图

图 2-124　"添加杂色"对话框

图 2-125　艺术效果设置

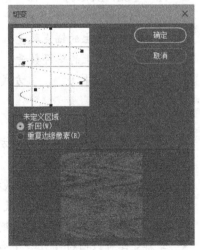

图 2-126　"切变"对话框

步骤 7　选择"图像"→"调整"→"色阶"命令，设置参数如图 2-127 所示，最终效果如图 2-128 所示。

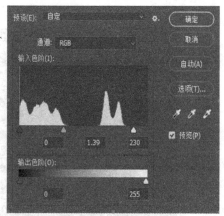

图 2-127　色阶设置

图 2-128　效果图

总结与提高

本项目通过典型实例详细介绍了 Photoshop 基本知识、基本工具的使用，介绍了路径、图层、色彩与色调、通道与蒙版、滤镜等基本概念，最后通过综合实例制作，加深读者对 Photoshop 在平面设计领域应用的理解。

习　题

一、选择题

1. 前景色填充背景的组合键为（　　　）。

　　A.【Ctrl+Delete】　　B.【Alt+Delete】　　C.【Shift+Delete】　　D.【Ctrl+Alt】

2. 像素图的图像分辨率是指（　　　）。

　　A. 单位长度上的锚点数量　　　　　　　　B. 单位长度上的像素数量

　　C. 单位长度上的路径数量　　　　　　　　D. 单位长度上的网点数量

3. 在 Photoshop 中（　　　）方式不能实现图层合并。

　　A. 向下合并　　　　　　　　　　　　　　B. 合并可见图层

　　C. 拼合图层　　　　　　　　　　　　　　D. 合并链接图层

4. 使用钢笔工具创建直线点的方法是（　　　）。

　　A. 用钢笔工具直接单击

　　B. 用钢笔工具单击并按住鼠标拖动

　　C. 用钢笔工具单击并按住鼠标拖动，使之出现两个把手，然后按住【Alt】键单击

　　D. 按住【Alt】键的同时用钢笔工具单击

5. 字符文字可以通过（　　　）命令转化为段落文字。

　　A. 转化为段落文字　　B. 文字　　　　　　C. 链接图层　　　　　D. 所有图层

二、操作题

1. 扫描二维码，完成燃烧效果制作，样张如图 2-129 所示。

图 2-129　燃烧效果

燃烧特效制作

2. 扫描二维码，完成翡翠手镯效果制作，样张如图 2-130 所示。

翡翠手镯

图 2-130　翡翠手镯效果

3. 扫描二维码，完成高尔夫球制作，样张如图 2-131 所示。

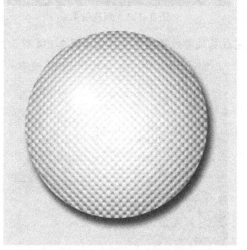

高尔夫球

图 2-131　高尔夫球效果

4. 扫描二维码，完成巧克力效果制作，样张如图 2-132 所示。

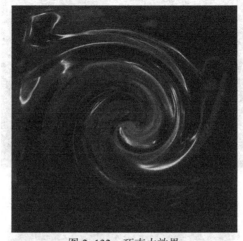

浓情巧克力

图 2-132 巧克力效果

5. 扫描二维码，完成烟花效果制作，样张如图 2-133 所示。

烟花制作

图 2-133 烟花效果

6. 扫描二维码，完成暴风雪效果制作，样张如图 2-134 所示。

暴风雪效果

图 2-134 暴风雪效果

项目3　Audition音频处理

　　一个优秀的多媒体作品，往往是图文并茂、有声有色。在多媒体作品制作过程中，在图像效果设计的基础上，通过运用声音效果，往往可以使作品表现得格外醒目。而要使得作品达到这样的效果，则必须使用音频编辑软件对音频文件做后期处理。

　　目前广泛使用的音频编辑软件是 Adobe 公司的 Audition CC 2020，该软件是一个为多媒体作品进行后期制作的音频处理软件，包含编辑、修改、录音、合成等音频管理功能。本项目以 Adobe Audition CC 2020 为例，介绍了使用该软件进行声音的录制、合成、编辑等相关知识。

项目提出

　　小蔡同学是一个音乐爱好者，平时收集了许多音乐素材，他想制作有自己特色的音乐专辑，需要对一些音乐素材进行剪辑、改善音乐效果、增加个人简介等。但是小蔡同学却找不到制作音频的相关软件，于是请教了计算机系教多媒体技术课程的王老师，通过一番讨论后，王老师发现小蔡同学存在下列几个问题：

　　（1）对于音频的概念不够熟悉。

　　（2）不了解音频软件的使用方法和特点。

　　王老师向小蔡同学推荐目前广泛使用的 Adobe Audition CC 2020，该软件是一个为多媒体作品进行后期制作的音频处理软件，包含编辑、修改、录音、合成等音频管理功能。

项目分析

　　王老师根据小蔡同学所提出的问题，进行了详细的分析，并做出了进一步的解答。

　　随着多媒体技术的日益广泛应用，出现了多种音、视频处理软件。在音频处理方面应用比较多的软件有 Adobe Audition（前身为 Cool Edit）、Sony Sound Forge 和 Steinberg Wave Lab。

　　Adobe Audition 是一个专业音频编辑和混合软件，前身为 Cool Edit Pro，提供先进的音频混合、编辑、控制和效果处理功能。2003 年 Adobe 公司向 Syntrillium 公司收购了 Cool Edit 的核心技术，并改名为 Adobe Audition 1.0。2004 年推出 1.5 版，增加了许多新的功能，如支持 VST 效果插件器，直接刻录 CD，最多混合 128 个声道，可编辑单个音频文件，创建回路并可使用 45 种以上的数字信号处理效果。

　　2006 年 Adobe 公司推出 Audition 2.0 版，集成了几乎全部主流音乐工作站软件的功能。拥有全新的界面（调音台界面）、频谱显示工具，不仅界面更加直观，性能进行了优化，还增加了许多新的功能，如多段压缩器、外部控制器等，并可与 Adobe Premiere Pro 和 After Effects 无缝对接。其后，于 2007 年推出 Audition 3.0 版，于 2011 年推出 Audition CS 5.5 版；于 2012 年推出 Audition CS 6 版；于 2015 年推出 Audition CC 版。最新的 Audition CC 2020 版，能够以前所未有的速度和控制能力录制、混合、编辑和控制音频。

通过使用 Adobe Audition CC 2020 软件，可以对文件进行编辑、混音、声效处理等。王老师建议小蔡同学在做音频个人介绍时，按照下列流程：

通过声音采样，先将自己的个人介绍录入到计算机生成音频文件，再选择合适的音乐作为介绍的背景音乐，然后进行两段音频的合成，并制作个性化的效果。

相关知识点

一、Audition 的基本功能

Adobe Audition CC 2020 音频处理软件具有单轨编辑、多轨编辑和 CD 轨这三种模式。其中 CD 轨模式用于音乐光盘的刻录，单轨编辑直接对某一个音频信号进行编辑和处理，多轨编辑则可同时对多个音频信号进行编辑和处理。下面简要介绍 Audition 的主要功能。

1. 音频的录制和提取

Audition 可支持高精度（16 bit/96 kHz）声音的录制，并可同时对所有音轨进行录音。可以记录的音源有话筒、CD 唱机和线路输入等。Audition 还可以直接从视频文件中提取音频部分，极大地丰富了音频的获取手段。

2. 混音

Audition 是一款多轨数字音频软件，当它将 128 条音轨的声音混合在一起时，必须改变其中所有过高、过低等不和谐的声音，保证最后输出的音乐在听觉上达到最好的效果。在专业领域，混音是一件烦琐而复杂的事情，每首音乐和歌曲都要通过这一过程。

3. 声音编辑

Audition 可以简单而快速地完成各种声音编辑功能，包括声音的淡入淡出、声音的剪辑和移动、播放速度以及音调的调整。

4. 效果处理

Audition 自带了 50 种效果器，包括常用的压缩器、限制器、噪声门、参量均衡器、延迟效果器、回声效果器等，这些效果可以实时用于各个音轨。

Audition 1.5 开始支持 VST（Virtual Studio Technology）效果器。VST 提供了开放平台，用户可以找到上千种商业版本和上千种免费版本的 VST 效果器，丰富了 Audition 使用的效果处理手段。

5. 降噪

Audition 具有非常强大的降噪功能。它可以去除声音中的嘶嘶、嗡嗡等噪声，在不影响音质的情况下最大限度地去除噪声。

6. 声音数据的压缩和刻录

Audition 提供声音数据的压缩功能，可以将制作好的音乐作品压缩成 MP3、MP3pro、WMA 等文件格式，并可将创作的音乐刻录为音乐 CD。

7. 其他

Audition 可以为视频作品制作同步配音、配乐，还可以用来制作流行歌曲，并能与同类其他软件协同工作，完成音乐的创作过程。

二、Audition 的界面及基本操作

Audition 的三种工作模式均可以设置为默认模式，默认为多轨模式，其工作界面如图 3-1 所示，主要包括以下几大组成部分：菜单栏、工具栏、浏览器、走带控制面板、缩放控制面板、时间窗、选择预览面板、电平表、多轨编辑显示窗口以及状态栏等。

图 3-1　Adobe Audition CC 2020 多轨工作界面

通过"窗口"菜单可以设置显示或隐藏"文件/效果列表栏""走带控制""缩放控制"等面板。Audition 允许用户根据个人的喜好来更改界面窗口的布局，拖动窗口标题就可以移动窗口。设计好的界面布局，可以通过工作区中新建工作空间来保存。在以后使用 Audition 时可通过工作区选择的下拉列表直接选择。

1. 菜单栏

菜单栏提供软件所有功能的操作，用户可以通过选择菜单上相应的命令来完成各项设置以及对音频文件和声音数据的操作。

2. 浏览器

浏览器包括文件、效果组两个面板，如图 3-2 所示。文件面板主要用于打开和关闭文件等操作。效果组面板用于对选定的音频信号进行各种效果的设置。

3. 音轨显示面板

这是最主要的部分，用来显示声音的波形、频谱等。

4. 走带控制面板

打开一个音频文件或录制一段音频信号后经常需要播放试听并进行调整，走带控制面板可以对声音进行播放、停止、暂停和快速倒带等操作。

5. 缩放控制面板

音频编辑窗的显示区域是有限的，在编辑窗显示的音频信号经常需要调整其显示的长度和高度，在多轨编辑状态下显示的轨道数也是有限的，需要掌握如何

图 3-2　浏览器

控制各个轨道的滚动显示。缩放控制面板的按钮用于缩放显示窗口中的波形、频谱。

6. 其他

选择预览面板用于选择波形和显示波形的预览范围。电平表动态显示当前播放的音频信号的电平强度。时间窗动态显示当前正在播放的音频信号的时间信息。状态栏用于显示当前状态。工程属性窗显示了当前工程中音频信号的属性信息，如播放速度和节拍信息等。

任务 1　录　　音

目的：用 Audition 录制音源素材。

要点：选择需要的录音设备并设置相应的参数。

Audition 的录音源可以是 CD 唱机、线性输入和麦克风，在下面"录音前声卡设置"提到的录音控制窗口中，选择了需要的录音设备并设置好相应的音量才能得到较好的录音效果。我们以麦克风为例来介绍录音过程。

步骤 1　录音前声卡设置。

首先打开 Audition CC 2020 工作界面，如图 3-3 所示。选择"多轨"菜单，在弹出的"新建多轨会话"对话框中设置"位深度"为 16，录音的时候不会卡，如图 3-4 所示。

录音制作

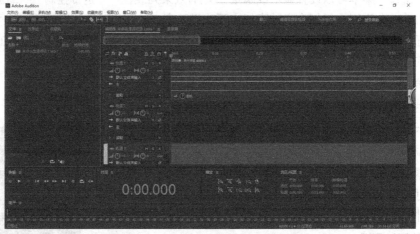

图 3-3　Audition CC 2020 工作界面

图 3-4　参数选择

选择"编辑"→"音频硬件设置"菜单,弹出"音频硬件设置"对话框,选择"多轨查看"选项卡,如图 3-5 所示,选择"释放 ASIO 后台设备"复选框,单击"确定"按钮。

设置声卡进行录音,双击 Windows 任务栏中的小喇叭图标 ◀》,在主音量窗口选择"选项"→"设置"命令,在弹出的"设置"窗口中选择"麦克风阵列"选项,如图 3-6 所示。

 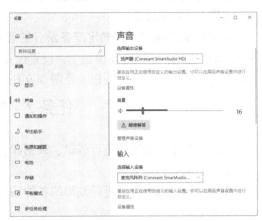

图 3-5　"音频硬件设置"对话框　　　　　　　　　图 3-6　"设置"窗口

步骤 2　录音前软件设置。

选择"文件"→"新建"命令,打开"新建多轨会话"对话框,如图 3-7 所示。选择"采样率"为 44100,"主控"设为立体声,"位深度"为 16 位。

设置好声卡后,建立一个新文件,准备录音或编辑音频。在单轨编辑模式下,选择"文件"→"新建"命令,打开"新建波形"对话框,设置声音的采样率、声道数和采样精度等参数。

切换到多轨编辑状态,选择"文件"→"新建工程"命令,打开"新建多轨工程"对话框,设置并保存多轨编辑状态下各音轨的波形状态信息,如波形的位置以及音轨的静音设置等信息,如图 3-8 所示。

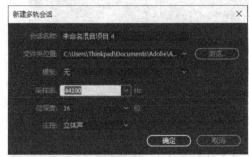 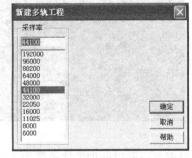

图 3-7　"新建多轨会话"对话框　　　　　　　　　图 3-8　"新建多轨工程"对话框

步骤 3　导入/导出伴奏音乐。

录音时人们常会先导入伴奏音乐,使之处于多轨模式的某个音轨中,再将准备录取的声音录制在另一个音轨,经混音效果处理后,一个包含多轨的音频工程就形成了。

选择"文件"→"导出"命令,在"混缩音频"选择文件名和文件类型,将多轨混音的效果输出为立体声文件。

选择"文件"→"导入"命令，选中要导入的文件，单击"打开"按钮，导入后文件会显示在浏览器的"文件"面板中，拖动该面板中的文件到所需音轨，完成伴奏音乐的导入。

步骤4 控制录音电平。

为了保证录音效果，必须控制录音电平，使声音音量控制在合适的范围之内。

双击 Windows 任务栏中的小喇叭图标，在主音量窗口选择"选项"→"属性"命令，主音量窗口变成录音控制窗口，改变麦克风的音量大小。

步骤5 开始录音。

在多轨编辑模式下，确定准备录音的音轨处于准备录音状态（按下该音轨显示区中的 R 按钮），设置位置指针处于恰当处，单击走带控制中的"录音"按钮（见图3-9）开始录音。

图 3-9　录音按钮

任务 2　多轨音频编辑

目的：多个音频轨道进行编辑、录制和合成处理。

要点：掌握多轨编辑。

单轨编辑状态下可以进行波形的各种编辑处理和效果的设置，还可以分别对左右声道单独进行编辑处理。

多轨编辑状态则适合对多个音频轨道进行编辑、录制和合成处理。在 Audition CC 2020 工具栏中，单击"多轨"按钮，出现图3-10所示主群组框。

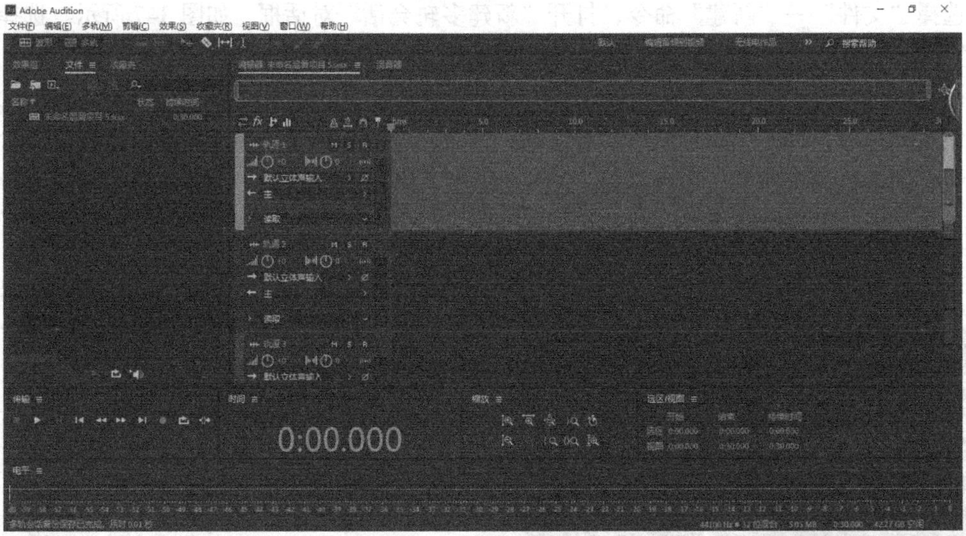

图 3-10　主群组框

最多可以同时处理的轨道数为128个，用鼠标拖动右边的垂直滚动条可以快速浏览并切换显示各个轨道，也可以直接在需要的轨道单击，选择要编辑的音轨。在每个音轨的左上方控制按钮中，按钮 R 表示录音、S 表示独奏、M 表示静音。下面的两个调节按钮则可以进行当前音轨的音量调节和立体声声相调节，如图3-11所示。

图 3-11　音轨显示控制区

单轨编辑状态下编辑窗口的上下分别显示左右声道的波形信

号，将鼠标指针移到波形上方且右下角出现"L"标志时，单击可选择整个左声道；将鼠标指针移到波形下方且右下角出现"R"标志时，双击可选择整个右声道，否则将选中整个波形信号，同时多轨编辑状态下在某音轨上单击可以激活该轨道。

步骤 1 裁剪音频波形。

波形选择：单击时间选择按钮工具，单击并拖动鼠标可以选中音频轨道上一段波形。为了更精确地裁剪波形，可以使用缩放面板中的横向放大按钮将波形放大，以看清细节。

波形删除：首先选择待删除的波形片段，选择"编辑"→"删除选取区域"命令或按【Delete】键进行删除。

波形片段的复制与移动：选择要复制的波形片段，选择"编辑"→"复制"或"剪切"命令，然后选择"编辑"→"粘贴"命令，实现波形片段的复制。在多轨编辑状态下选择要移动的波形片段，通过移动剪辑工具，直接拖动选择的片段，即可移动波形，如图 3-12 所示。

步骤 2 切分和合并音频。

在多轨编辑状态下，可以对活动音轨上的波形进行分割，使其变成多个波形片段，单击鼠标定位黄色的播放线，确定分割位，选择"剪辑"→"分离"命令（或右击并选择"分离"命令），当前音轨上的波形在播放线处被分割为两段，单击"移动/复制"按钮，按住鼠标右键拖动进行波形片段的移动。

对多个波形片段进行拼接，按住鼠标右键拖动待拼接的波形片段，拼接两段波形，按住【Ctrl】键选择两段波形文件，选择"剪辑"→"合并"命令或右击并选择"合并"命令。

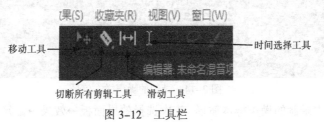

图 3-12 工具栏

步骤 3 锁定音频波形。

当排列好音频切片的位置，不希望它再发生变化时，可以将音频切片锁定。选定音频切片，右击并选择"锁定时间选项"命令，出现锁状图标，锁定完成。

步骤 4 编组音频波形。

锁定使音频的绝对时间位置不变，而编组则可以使多个音频片段的相对位置固定，移动时可整体移动。选中多个音频片段，右击并选择"群组编辑（编组）"命令完成。

步骤 5 音量包络编辑。

包络（Envelope）是一个专业术语，音量包络是指音频波形随时间变化而产生的音量变化，即音量变化的走势曲线。通过控制音量包络曲线来改变某音轨上音频信号的音量大小，是一种非常直观和简单有效的方法。

单击包络线上的某处就会增加一个包络调结点（白色方块），移动这些包络调结点的位置，可以实现控制音频音量的目的。选中音频片段，选择音量包络线，单击包络调结点，如图 3-13 所示。

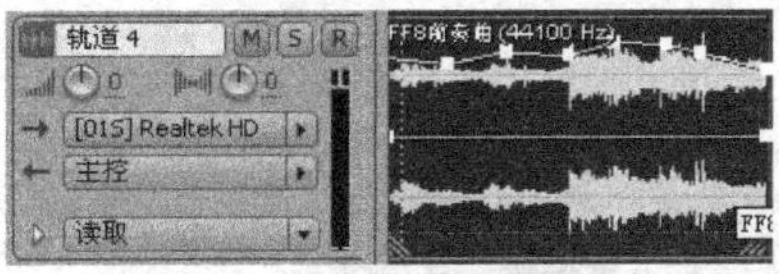

图 3-13 音量包络线

任务 3　噪声消除处理

目的：对音频信号可以进行大量的数字化效果处理，优化音频作品的视听效果。

要点：进行噪声消除处理。

使用 Audition 软件提供的强大的效果器功能，可以对音频信号进行大量的数字化效果处理，优化音频作品的视听效果。

在日常的音频编辑过程中，往往会碰到音频中带有噪声，因而需要通过软件进行降噪操作。Audition 的降噪效果有多种，既可以对固定的嘶嘶类噪声进行消除，也可以根据实际录音环境进行噪声消除处理。降噪要在单轨编辑模式下完成。

步骤 1　录制一段环境的噪声样本信号，如图 3-14 所示。

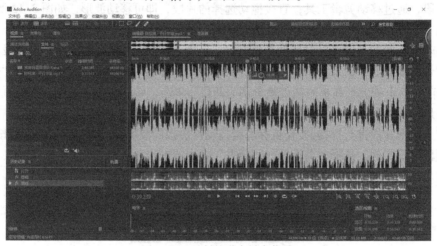

图 3-14　录制的噪声样本信号

步骤 2　选中录制的噪声样本波形，依次选择效果面板→效果→修复→降噪预置噪声文件，如图 3-15 所示。打开"效果-降噪"对话框（见图 3-16），选择采集预设文件。

图 3-15　单击降噪预置噪声文件

图 3-16　"效果-降噪"对话框

　　步骤 3　回到处于波形编辑界面，依次选择效果面板→效果→恢复→降噪处理，打开如图 3–17 所示降噪器。

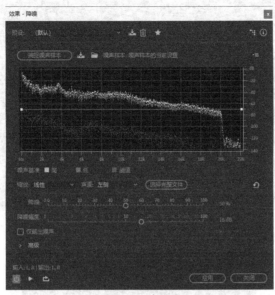

图 3–17　降噪器

　　在降噪器可以设置降噪的参数，降噪的程度为 0～100，数字越大降噪的程度越大，声音也就越干净，但是对原波形的损失也越厉害；FFT 大小即采样点的数量，一般根据噪声波形的长短来选择，默认为 4096，如果录制的噪声波形太短则可以选择 512；精度系数一般选择 6~10，数值越大对原波形的损失越小，但降噪效果会下降，通常采用默认值 7。其余参数都采用默认值。依次单击"获取特性"→"确定"按钮，对整个波形进行降噪处理。

　　步骤 4　单击"保存"按钮，将噪声采样的结果保存为 FFT 文件。以后在同样环境下录制的声音就可以通过"载入预置文件"得到噪声样本直接进行降噪处理了。

任务 4　音频的编辑与合成

　　目的：音乐的编辑、人声的录制、降噪，添加效果，均衡器应用等。

　　要点：综合运用 Audition 软件，制作一首配乐诗朗诵。制作过程中将应用到音乐的编辑、人声的录制、降噪，添加效果，均衡器应用等，最终效果满意后，混缩输出为音频文件。

　　步骤 1　打开 Audition 软件，在系统界面中单击"多轨编辑模式"按钮，在多轨编辑模式下选择"文件"→"导入"命令或单击"文件"面板中的"打开文件"按钮导入文件，文件导入后文件名出现在文件浏览器的文件列表中，将文件名拖入音轨 1，如图 3–18 所示。

　　步骤 2　选择需要的部分放入新的音轨，删去不需要的部分（注意删除后的淡入淡出衔接），改变某部分的音量，改变某段音乐的播放时间等，删去不需要的音轨上的波形，混缩输出为新音频文件。

声音编辑合成

　　步骤 3　录制声音文件，在单轨编辑模式下打开麦克风，单击走带控制面板的红色"录音"按钮，在"新建波形"对话框设置相应参数，单击 OK 按钮开始录音。在波形编辑窗就会显示当前记录的声音波形，录音结束时再次单击"录音"按钮即可停止录音，如图 3-19 所示。

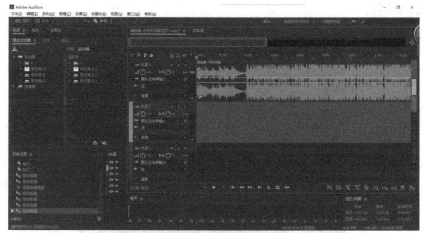

图 3-18　导入音频文件

图 3-19　单轨编辑模式下的录音

步骤 4　选择"文件"→"另存为"命令，弹出"另存为"对话框，输入文件名，保存声音文件，如图 3-20 所示。（默认将声音波形存储为 wav 波形文件，也可以在保存类型中选择其他音频文件格式保存，请将自己录制的声音文件保存为 wav 格式以及 mp3 格式，再比较两个文件的大小）同一段声音波形存储为不同格式时，其大小相差较大，如图 3-21 所示。

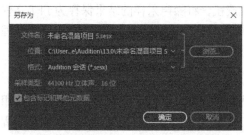

图 3-20　"另存为"对话框

图 3-21　声音文件的大小比较

步骤 5　对录制的声音进行降噪及各种效果设置等操作。

在单轨编辑模式下录制一段环境的噪声波形样本信号，必须与实际录音环境相同。（如果是朗诵，可以选择语句间隙处的波形作为环境噪声（图 3-22 中划圈处）。一般情况可选择刚开始录音时尚未发生的静音时间段约 1 s 左右。

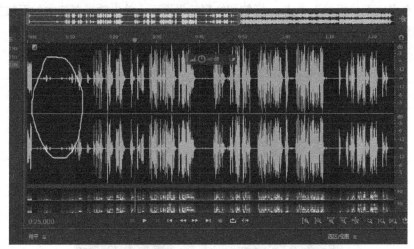

图 3-22　信号中的噪声样本

步骤 6　选中录制的噪声样本波形，依次选择"效果"→Restoration（恢复）→NoiseReduction（降噪器），在打开的降噪器窗口设置"降噪设置"部分的参数，如图 3-23 所示，采用默认值，单击 Capture Profile（噪声采样）按钮得到当前噪声的采样信号，单击 Save 按钮把选中的波形作为"噪声文件"保存到指定的路径。如不需要保存文件可直接单击 OK 按钮。

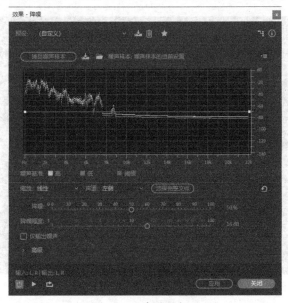

图 3-23　降噪器窗口

步骤 7　选择需要降噪的声音波形，依次选择"效果"→Restoration（恢复），单击对话框中的 Load from File（加载采样）（使用保存的噪声文件），单击 OK 按钮。

通过对话框中的"保存采样"可以把该效果作为样本保存，以后在同样环境下录制的声音就可以通过 Load from File（加载采样）得到噪声样本直接进行降噪处理（降噪处理完毕记得把噪声波形删除，请聆听降噪前后的声音效果，并作对比）。

步骤 8 设置声音效果。自己录制的声音听起来会觉得单薄，因此可以使用效果器增强声音的质感。在多轨编辑模式下单击 fx 标签切换到效果页面，单击效果器架中的下拉按钮弹出选择效果器的窗口，如图 3-24 所示。

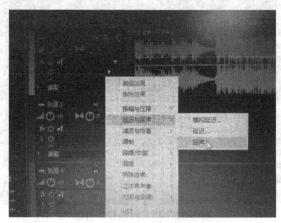

图 3-24　效果器添加

依次选择"延迟与回声"→"回声"效果，设置回声效果，如图 3-25 所示。在设置好左右声道延迟时间后，关闭该对话框。（回声效果添加到本条音轨上，"回声"两字就显示在所单击的下拉按钮前面，同时效果总开关和本层效果开关就会变成绿色，即开关打开）

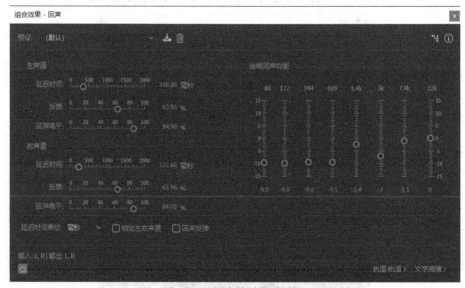

图 3-25　回声效果器对话框

播放添加回声效果器后的音轨波形，聆听效果。如果对回声效果不满意可以撤销已添加的声音效果，改加其他声音效果如合唱效果，混响和延迟等请同学自己练习。

总结与提高

在音频文件编辑的过程中，录音时要求四周安静，不要将外界无关的声音录入计算机中，以免在音频后期制作中带来问题。同时，在编辑音频文件时，要注意声音高音和低音等音效的编辑，避免出现高低音混合在一起的不和谐效果。

除此以外，还需要注意背景音降噪，通过降噪效果与各种效果器的配合使用，以达到听觉上的最佳享受。

习　题

一、选择题

1. （　　）不是 Adobe Audition CC 2020 音频处理软件具备的模式。
   A. 单轨编辑　　　　　　　　　　　　B. 多轨编辑
   C. CD 轨　　　　　　　　　　　　　　D. DVD 轨模式
2. Adobe Audition CC 2020 音频处理软件支持最多混合的声道数是（　　）。
   A. 64　　　　　　　　　　　　　　　B. 128
   C. 256　　　　　　　　　　　　　　　D. 512
3. 在 Adobe Audition CC 2020 的效果菜单中不包含（　　）。
   A. 包络跟踪器　　　　　　　　　　　B. 频段分离器
   C. 声码合成器　　　　　　　　　　　D. 音频编辑器
4. 在 Adobe Audition CC 2020 中，启用 MIDI 触发的按键是（　　）。
   A. F4　　　　　　　　　　　　　　　B. F5
   C. F6　　　　　　　　　　　　　　　D. F7
5. （　　）不属于 Adobe Audition CC 2020 默认包含的混响效果。
   A. 房间混响　　　　　　　　　　　　B. 回旋混响
   C. 完美混响　　　　　　　　　　　　D. 广场混响

二、实践操作题

综合利用 Audition 软件制作评弹说书音频。制作过程中将应用到音乐的编辑、人声的录制、降噪、添加效果、均衡器应用等，最终效果满意后，输出为音频文件。

参考步骤如下：

（1）准备工作：寻找制作评弹说书的素材，包括一首背景音乐和评弹说书素材；注意背景音乐要尽量符合诗的意境和节奏。

（2）对背景音乐进行剪辑，使它的长度与说书的时间长度基本一致；完成后将它导入多轨编辑模式下的一个音轨。

（3）对编辑的声音在单轨编辑模式下进行降噪处理，为录制的声音添加回声、混响等效果。

（4）将制作好的评弹说书文件输出为音乐文件，扩展名为.mp3 或.wav。选择"文件"→"导出"→"混缩输出"命令，在弹出的对话框中设置文件名和文件类型后，单击 OK 按钮。

三、视频操作训练

1. 扫描二维码，完成声音的淡入淡出及回声处理。
2. 扫描二维码，完成配乐诗歌朗诵制作。

淡入淡出回声

配乐诗歌
朗诵

四、拓展训练

综合利用 Audition 软件，制作两首歌曲的合成。将"传奇-女生版.mp3"和"传奇-男生版.mp3"进行合成，使得整首歌曲呈现一句男声，一句女声，男女声混合的歌曲表现形式（参见素材中的文件）。编辑完成后将文件以"传奇合成.wav"保存在"我的文档"中。

项目4　Animate二维动画设计

　　本项目以 Animate CC 2019 的动画制作为例，介绍动画制作的基础、渐变动画、引导层、遮罩、文字的变化、按钮的设计、声音动画的制作等方面的相关知识。

项目提出

　　小王同学是一位动画迷，尤其是对网站上的动画效果非常痴迷，希望将来从事动画制作类的工作。而现在小王想要将对动画的兴趣和未来的职业生涯联系起来，认为学会了动画制作，可以用动画制作 MTV、电子相册、网站广告、网络动画、交互式的游戏等。而现在小王想从基础学起，制作一个变脸效果的动画。于是小王便请教了计算机系的陈老师，并请教陈老师下列问题：

　　（1）什么是动画？动画变换的原理是什么？
　　（2）网页动画效果的实现方法有哪些？
　　（3）制作动画的过程和方法是什么？

　　陈老师给小王分析了他的想法之后，建议他使用 Animate CC 2019 进行动画的创作和编辑。以下是陈老师对小王制作动画的详细讲解。

项目分析

　　制作一个普通的运动渐变动画，可以创建出位置和大小变换，旋转、颜色变换以及色彩的淡入淡出等动画效果。在动画制作时要注意下列几点：

　　（1）整个动画中，有关键帧、移动过渡帧和普通帧。
　　（2）动画片段中必须拥有起始关键帧和结束关键帧。
　　（3）移动渐变中不允许有形状类型的元素作为运动对象存在于动画过程中或关键位置上。
　　（4）选择创建补间类型时，只能是选择起始关键帧，并在其属性上选择补间类型。
　　（5）如果是"元件"对象，注意保持起始关键帧和结束关键帧中的元件对象为同一个元件。
　　（6）移动渐变中的运动对象最好分别放置到一个图层中。
　　（7）移动渐变无法直接实现变形效果。
　　（8）一般情况下，移动渐变运动轨迹为直线。

相关知识点

　　Animate CC 由原 Adobe Flash Professional CC 更名得来，2015 年 12 月 2 日，Adobe 宣布 Flash Professional 更名为 Animate CC，在支持 Flash SWF 文件的基础上，加入了对 HTML5 的支持。并

在 2016 年 1 月份发布新版本的时候，正式更名为"Adobe Animate CC"，缩写为 An。Animate CC 维持原有 Flash 开发工具外支持新增 HTML 5 创作工具，为网页开发者提供更适应现有网页应用的音频、图片、视频、动画等创作支持。Animate CC 将拥有大量的新特性，特别是在继续支持 Flash SWF、AIR 格式的同时，还会支持 HTML5 Canvas、WebGL，并能通过可扩展架构去支持包括 SVG 在内的几乎任何动画格式。

一、Animate CC 2019 的特点

Animate CC 2019 之所以受欢迎，与其软件本身的特点密不可分，主要的特点有：

1. 矢量图形

Animate CC 2019 在网络上能广泛流行，与 Animate CC 2019 采用了矢量技术是分不开的。矢量图形可以任意缩放尺寸而不影响图形的质量，只需用少量的矢量数据便可描述相当复杂的对象，Animate CC 2019 的编辑对象主要是矢量图形。Animate CC 2019 大大减少了文件的数据量，使其在网络上的传输速度大大提高。

2. 所见即所得

Animate CC 2019 程序中制作完成的动画演示效果与最终出现在作品中的效果完全一致，在作品编辑时可以设置不同的网络传输条件进行测试，以满足各种需要。另外 Animate CC 2019 编辑的矢量图像可以做到无限放大，因此图像始终可以完全显示，在放大它们的时候不会出现图像质量降低的问题。

3. 操作简单

Animate CC 2019 没有繁杂的操作，不但动画制作相对比较简单，而且一样拥有令人满意的动画效果。只要通过一段时间的学习，用户就可以制作出称心如意的动画效果。如果已有一定的 Dreamweaver 基础，那么更容易掌握 Animate CC 2019。

4. 流媒体传输

Animate CC 2019 采用的是流媒体的播放技术，因此，当人们在观看动画时，不必等到动画文件全部下载到本地后才能观看，而是可以实时观看，减少了用户的等待时间。

5. 交互性优势

Animate CC 2019 动画可以通过脚本语言编程与观看者产生互动，甚至可将观看者的动作作为动画的一部分，突破了传统动画的单向性。强大的交互功能，为网页设计或动画制作提供了无限的创作空间。

6. 插件方式工作

Animate CC 2019 的工作方式是插件方式，网络用户只要安装了 Shockwave Flash 插件，Shockwave Flash 插件就会嵌入浏览器中，启动浏览器后就可以直接浏览带有 Animate CC 2019 动画的网页。Animate CC 2019 插件的大量使用，可以方便快捷地实现一些复杂的动画效果，提高软件的可扩展性。

7. 声音的处理

在 Animate CC 2019 中可以为动画添加声音以及对导入的声音进行处理，Animate CC 2019 提供了使用声音的多种方式，用户可以根据需要将声音独立于时间轴连续播放，也可以使声音

和动画保持同步。Animate CC 2019 支持多种声音格式，加入声音后文件的体积仍然较小，并且能保持很好的音质和音效。

8. 视频的处理

在默认情况下，Animate CC 2019 使用 Sorenson Spark 编解码器导入和导出视频，Animate CC 2019 对视频的支持是与系统安装 Quick Time 或者 DirectX 有关的，支持的格式分别有 AVI、DV、MPEG、MOV 和 AVI、WMV、ASF。

Animate CC 2019 的操作界面（见图 4-1）包括标题栏、菜单栏、主工具栏、工具箱、时间轴面板、舞台、属性面板、动作面板、库面板、对齐面板和变形面板等浮动面板。下面介绍几个主要部分，便于读者了解 Animate CC 2019 的操作环境。

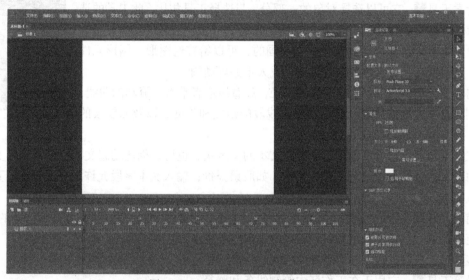

图 4-1　Animate CC 2019 操作界面

二、Animate CC 2019 的菜单栏

Animate CC 2019 的菜单栏包括如图 4-2 所示的 11 个菜单项，这些菜单项提供了该软件的所有常规操作，各个菜单分别对应不同的功能类型，熟悉这些菜单，可以快速找到所要使用的各项功能选项，从而快速进行相关的操作。

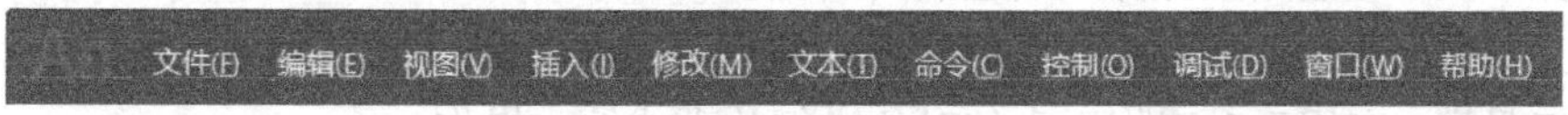

文件(F)　编辑(E)　视图(V)　插入(I)　修改(M)　文本(T)　命令(C)　控制(O)　调试(D)　窗口(W)　帮助(H)

图 4-2　菜单栏

三、Animate CC 2019 的工具箱

Animate CC 2019 的工具箱将 Animate 常用的绘图工具以按钮的形式摆放在一起，包括各类绘制、填色以及修饰工具等，使用这些工具，可以在舞台上进行各种图形的绘制。工具箱默认固定在窗口的左侧，用户可以使用工具箱中的这些工具对图像或选定区域进行操作，如图 4-3 所示。

在工具箱中一共有 29 个操作按钮，它们的意义及功能如下：

选择工具 ▶：它的作用是在工作区中选择或者移动一个或多个对象，同时可以对分离后的可编辑对象进行变形操作。

部分选取工具 ▶：它可以移动或者编辑单个路径点或路径点控制手柄，它也可以移动单个对象。

任意变形工具 ▣：它的作用是对线条、图形、实例或文本等对象作出调整。

填充变形工具 ▣：它的作用是调整渐变色、填充物和位图填充的尺寸、角度及中心点。

线条工具 ✎：它可以绘制任意起点到终点之间的精确直线。

套索工具 ◯：它可以选择对象的一部分，与选择工具相比，此工具的选择区域可以是不规则的，因而使用起来更加灵活。

骨骼工具 ✔：骨骼工具是用来做动画的，可以给普通图形、图形元件或影片剪辑增加骨骼，适合做机械运动或人走路等动画。

钢笔工具 ✎：它可以绘制精确的路径，如直线或者平滑、流动的曲线；可以创建直线段或曲线段，然后调整直线段的角度和长度，以及曲线段的曲率。

图 4-3　工具箱

文本工具 T：它可以创建包含静态文本的文本块，也可以创建动态文本字段或输入文本字段。动态文本字段显示动态更新的文本，如股票报价；输入文本字段允许用户为表单或其他目的输入文本。

椭圆工具 ◯：它可以绘制各种精确的椭圆。它不仅能绘制路径，还能够包含内部填充的色块。

矩形工具 ▣：它可以绘制各种精确的矩形或圆角矩形。

多边形工具 ◯：它可以绘制各种精确的多边形和星形。

铅笔工具 ✎：它用于在工作区中绘制线条和路径。

笔刷工具 ✎：它可用刷子笔触绘制线条或填充区域。

墨水瓶工具 ▣：它的作用是给色块添加边框路径，或者改变已经存在的边框路径的颜色、粗细或样式。

颜料桶工具 ◗：它用于填充颜色、渐变色和位图到封闭的区域中。

滴管工具 ✎：它用于从各种存在的对象中获得颜色和类型信息。

橡皮擦工具 ◆：它用于擦除当前绘制的内容。

手形工具 ✋：它用于拖动工作区的位置，便于图形的编辑。

缩放工具 ◯：它用于对工作区中的对象进行放大或缩小操作。

笔触颜色 ▣：它用于设定边框路径的颜色。

填充色 ▣：它用于设定填充色块的颜色。

黑白 ◪：它可以设定边框路径的颜色为黑色，填充色块的颜色为白色。

没有颜色 ▢：它使对象的边框路径或填充色块为透明。

交换颜色 ⇄：它能交换边框路径和填充色块的颜色。

对象绘制 ▣：使用此模式，利用合并对象可实现联合、交集、打孔和裁切的效果。

对齐对象 ∩：使编辑的对象在拖放操作时能够精确定位。

伸直 ↰：使对象的边缘更接近伸直的直线。

平滑⑤：使对象的边缘更接近平滑的曲线。

四、Animate CC 2019 的时间轴面板

Animate CC 2019 的时间轴面板默认的位置是在工作区的上方、菜单栏的下方。它在动画的制作过程中占有举足轻重的地位。它可以控制元件的出现时间和移动速度，并且可以在每一帧内加入 ActionScript 脚本，使动画具有交互效果，如图 4-4 所示。

图 4-4　时间轴面板

五、Animate CC 2019 的属性面板

Animate CC 2019 的属性面板默认的位置是在工作区的下方。它可以显示和调整所选中的场景及舞台中对象的属性信息，如图 4-5 所示。例如，所选对象的大小、背景颜色和播放频率等。不论在动画的制作过程还是后期的修改过程中，属性面板都是很有用的。

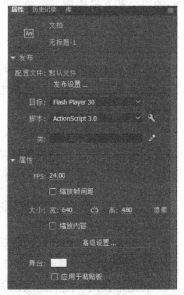

图 4-5　属性面板

六、Animate CC 2019 的浮动面板

Animate 的浮动面板使界面看起来更加简洁，Animate CC 2019 可以对所有的浮动面板进行有效管理。Animate CC 2019 中的各个浮动面板有不同的作用，如图 4-6 所示。

七、Animate CC 2019 的常用术语

1. 舞台

在 Animate CC 2019 中，舞台位于最底层，所有对象都在其上方运动，它是工作区域的主要组成部分，其主要的作用是创作动画作品的编辑区。

2. 对象

在 Animate CC 2019 中，矢量图形、位图、文字、填充色、线条、点都是对象，Animate 能对这些图形元素进行处理。

3. 时间轴

它是 Animate CC 2019 中最重要的一个面板，通过它可以控制整个动画的时间，它可以组织和控制动画内容的图层数和帧数，主要是由左侧的图层区和右侧的帧区两部分构成。

图 4-6　浮动面板

4. 帧（frame）

帧是构成动画的基本单位，相当于电影胶片中的一格。在时间轴上，每一帧都用一个小方格表示。Animate 动画是由静止的帧连续形成的。时间线右侧的帧排列区是对应于每一层的动画播放顺序：可分为关键帧（快捷键为【F6】）、空白关键帧（快捷键为【F7】）、一般帧（普通帧、中间帧，快捷键为【F5】）；帧是用于反映时间次序。

5. 图层（layer）

Animate 图层相当于一层透明的玻璃层，在工作区域和时间轴中，动画的每一个动作都放在一个图层中。每个图层中都包含一系列的帧。每个图层中的动画图像和动画内容都是独立的，对一个图层中的对象和动画内容进行编辑时不会影响其他图层中的相关内容。各个图层的内容组合后共同构成动画，图层用于反映空间位置。

6. 场景

动画中的场景是指一段相对独立的动画，完整的 Animate 动画是由一个或多个场景所组成，场景的播放次序可以进行调整。场景是播放动画的区域，也是制作分镜头的区域，不同场景之间的组合和互换构成一个精彩的多镜头动画。

7. 元件

在 Animate 中，所有图像、按钮或动画片段都可抽象为元件，元件是构成动画的重要元素，是可以被反复调用的一种小部件，可以自成一体，独立于主动画进行播放，元件实质上是一个小动画。所有元件都可以放在库里，在动画制作中可以反复调用，极大地提高了工作效率。

8. 库

在 Animate CC 2019 中，库的作用相当于资源管理器，用来存放动画中所有的元件、图片、声音和视频等文件，用户可以从库中直接调用所有的资源。将资源从库面板中拖放到舞台上，意味着将库中的资源进行了一份复制，其属性将保持不变。

八、Animate CC 2019 动画的基本类型和制作技法

制作动画分为两种：逐帧动画和补间动画。

1. 逐帧动画

它是指在同一图层连续的关键帧上绘制或编辑不同的图形对象而形成的动画。逐帧动画可以为文字逐帧，也可以为图片逐帧。逐帧动画要求制作好每一帧画面，每一帧内容都不同，然后连续依次播放这些画面，从而生成动画效果。逐帧动画适合制作非常复杂的动画，每一帧都是不同的关键帧，每一帧都由制作者确定，而不是由 Animate 通过计算得到，它与关键帧动画相比，文件的字节数要大得多。

2. 补间动画

它是指制作好若干关键帧的画面，由 Animate 通过计算生成各关键帧之间的各个帧，使画面从一个关键帧过渡到另一个关键帧。关键帧动画可分为两种：形状补间动画和移动补间动画。

1）形状补间动画

形状补间动画元素的外形发生较大的变化，包括形状本身、颜色、大小、位置、翻转、偏移及它们的组合。操作对象是矢量图形，采用形状补间时，时间轴呈浅绿色背景。

形状补间动画的操作要点：

（1）只能发生在两个不同的形状之间。

（2）这两个形状只能是封闭的矢量绘图。

（3）这两个图形的位置可以相同，也可以不同。

（4）形状类动画只能沿直线运动，不支持曲线路径。

（5）可以设置变形的形状控制点，使得变形按照控制点进行。

2）移动补间动画

移动补间动画元素的大小、位置、颜色、透明度、明暗度、旋转、变速等属性发生了较大的变化。操作对象是非矢量图形，采用运动补间，对象内部有小圆圈，外部有矩形框，时间轴呈浅蓝色背景。

移动补间动画的操作要点：（各种效果可同时存在）

（1）直线移动类动画——移动过程沿直线方向运动。

（2）缩放移动类动画——移动过程中物体缩小放大。

（3）旋转移动类动画——移动过程中物体同时旋转。

（4）路径移动类动画——使物体沿特定的路径运动。

（5）速度变化类动画——移动过程的速度发生变化。

（6）透明变化类动画——移动过程发生透明度变化。

区分形状补间动画和移动补间动画的方法如表 4-1 所示。

表 4-1　区分形状补间动画和移动补间动画的方法

图　形	说　明
	空心小圆圈表示空白关键帧，没有内容，在新建一个动画文件时出现
	表示移动补间动画，关键帧用黑色的圆点标识，内插帧用黑色的实线表示，背景为紫色
	表示形状补间动画，关键帧用黑色的圆点标识，内插帧用黑色的实线表示，背景棕色
	虚线说明中间的过渡存在错误，无法正确实现内插
	单独的关键帧为一黑色圆点，后面灰色表明连续帧，其后各帧的内容与其一致，没有变化

根据移动补间和形状补间设置不同的颜色渐变：

（1）移动补间类动画设置颜色渐变：选择起始帧与结束帧，在效果面板内进行设置（亮度、色调、Alpha、高级）。

（2）形状补间类动画设置颜色渐变：选择起始帧与结束帧，直接改变对象的颜色。

3. 常见的 Animate CC 2019 动画制作技法

（1）引导层动画。它是 Animate 动画的重要技法之一，可分为普通引导层和运动引导层两种。使用引导层可以创建特定路径的补间动画效果。创建动画时，在引导层中绘制一条线段作为引导线，让被引导层中的对象沿着这条线段移动，并且在播放时引导层中的内容不会显示。

（2）遮罩动画。它也是 Animate 动画的重要技法之一，它是利用遮罩图层来完成的动画。利用遮罩动画可以制作出许多特殊的动画效果，例如望远镜、卷轴画和百叶窗等效果。

九、Animate CC 2019 对象的基本操作

在动画制作中，Animate 能对矢量图形、位图、文字、填充色、线条、点等对象，进行一系列的处理，关于对象编辑的方法主要有：复制、移动、粘贴；选取对象、堆叠对象、缩放对象、旋转对象、倾斜对象、翻转对象、排列对象、组合对象、合并对象、重叠与交割、扭曲与封套、变形与整形等。

1. 选取对象

注意笔触颜色与填充色的区别，根据需要选择笔触、填充或笔触与填充，如图 4-7 所示。

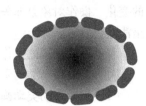

图 4-7 选取对象

2. 堆叠对象

通过修改和排序，改变两个位图的位置关系，如图 4-8 所示。

3. 缩放对象

首先通过选择工具选取对象，利用任意变形工具，当鼠标指针的形状为双箭头时，拖动角部句柄缩放图形大小，如图 4-9 所示。

4. 旋转对象

通过选择工具选取对象，利用任意变形工具，当鼠标指针的形状为弯曲的箭头时，拖动角部句柄旋转图形，如图 4-10 所示。

图 4-8 堆叠对象

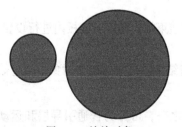

图 4-9 缩放对象   图 4-10 旋转对象

5. 倾斜对象

通过选择工具选取对象，利用任意变形工具，当鼠标指针的形状为两个方向相反的箭头时，拖动中心句柄缩放图形，如图 4-11 所示。

6. 翻转对象

通过选取对象，然后单击"修改"→"变形"→"水平翻转"（垂直翻转）命令翻转对象，

如图 4-12 所示。

图 4-11　倾斜对象　　　　　　　图 4-12　翻转对象

7. 排列对象

通过窗口和对齐面板（对齐、分布、匹配大小）设置，如图 4-13 所示。

图 4-13　排列对象

8. 组合对象

效果如图 4-14 所示，操作如下：

① 对象的群组化：选取对象，单击"修改"→"组合"命令。

② 对象的分离：选取对象，单击"修改"→"取消组合"命令。

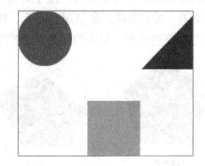

（a）取消组合　　　　　　　　　　　　　　（b）组合

图 4-14　组合对象

9. 合并对象

在对象绘制模式下，利用合并对象可实现联合、交集、打孔和裁切的效果，效果如图 4-15 和图 4-16 所示。

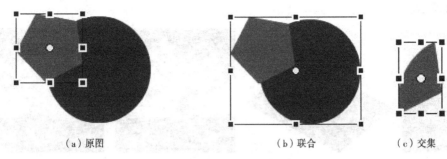

（a）原图　　　　　　　　（b）联合　　　（c）交集

图 4-15　合并对象

10. 重叠与交割

重叠：组合的对象与元件对象叠放在一起或者分离的对象与组合的对象或元件对象叠放在一起时，这就是重叠，当各对象分开时不会使各对象发生改变，如图 4-17 所示。

交割：两个分离的对象放在一起时，当两者分开，其中一个会被另一个"吃"掉，这就是交割，如图 4-18 所示。

打孔　　　　裁切

图 4-16　打孔和裁切

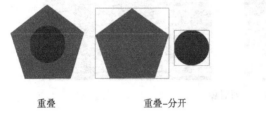

重叠　　　　　　重叠-分开　　　　　　交割　　　　　交割-分开

图 4-17　重叠　　　　　　　　　图 4-18　交割

11. 扭曲与封套

扭曲：当分离的对象使用扭曲后，对象四周将出现 8 个控制句柄，与任意变形不同的是，扭曲操作的对象没有中心点，便于对每个句柄进行发挥，如图 4-19 所示。

封套：当分离的对象使用封套后，对象四周将出现 24 个控制句柄，使用封套可以对对象进行更为细致的变形，封套的调整是以控制句柄间的切线作为调整依据，如图 4-20 所示。

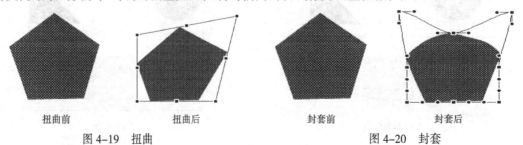

扭曲前　　　　　　扭曲后　　　　　　封套前　　　　　　封套后

图 4-19　扭曲　　　　　　　　　图 4-20　封套

12. 变形与整形

变形：变形是指对象整体形状的变化，如尺寸的缩放、旋转和翻转等，组合的对象只能进行任意变形操作，分离的对象则可进行任意变形、扭曲、封套等操作，如图 4-21 所示。

整形：整形是指对象细节的修饰，如对线条的整形，对图形轮廓的整形。在 Animate CC 2019 中，整形对象只能是分离的对象，且只能发生在对象没有被选中的情况下，如图 4-22 所示。

变形前　　　　　变形后　　　　　　　　整形前　　　　　整形后

图 4-21　变形　　　　　　　　　　图 4-22　整形

项目实现

任务 1　Animate 多图层渐变动画效果

目的：多图层渐变动画效果。

要点：制作如图 4-23 所示的电磁波在信号塔上逐渐向外扩散的动画。

步骤 1　新建一个 Animate CC 2019 文档"电磁波.fla"，保存在"我的文档"中。

步骤 2　依次单击"文件"→"新建"命令，在弹出的"新建文档"对话框中，设置平台类型为"Animate 文件（ActionScript 3.0）"选项，设置"宽"为 550、"高"为 400，单击"创建"按钮，如图 4-24 所示。

图 4-23　电磁波效果

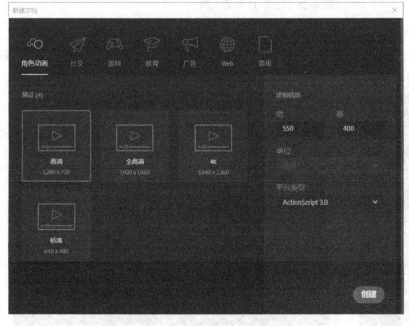

多图层动画制作

图 4-24　"新建文档"对话框

步骤 3　单击"文件"→"导入"→"导入到舞台"命令，从素材文件夹导入 tower.jpg 到舞台，再单击"修改"→"文档"命令，弹出"文档设置"对话框，如图 4-25 所示，设置"帧频"为 12，"舞台颜色"为白色。

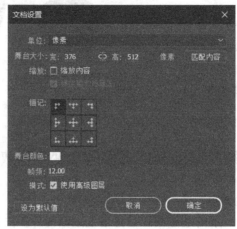

图 4-25　设定文档属性

步骤 4　在"图层_1"的第 35 帧处，右击并选择"插入帧"命令，如图 4-26 所示。

图 4-26　在第 35 帧插入帧

步骤 5　新建"图层_2"，在"图层_2"第一帧处画一个圆环。选中工具栏的"椭圆工具"，画笔触为蓝色（#0000FF）的空心正圆（按住【Shift】键），笔触为 1.5，单击"修改"→"转化为元件"→"类型为图形"命令（名称：元件 1），如图 4-27 所示。

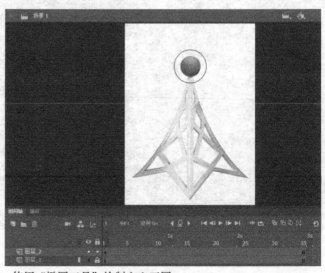

图 4-27　使用"椭圆工具"绘制空心正圆

步骤 6　在第 15 帧处插入关键帧。单击右侧工具栏中"任意变形工具",选中并将该圆放大(按住【Shift】键拖放,保持图形形状),如图 4-28 所示。

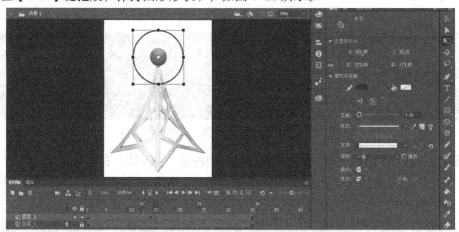

图 4-28　使用"任意变形工具"放大

步骤 7　在"图层_2"中的第 1 ~ 15 帧处的任意位置右击并选择"创建补间形状"命令,在第 16 帧插入空白关键帧,如图 4-29 所示。

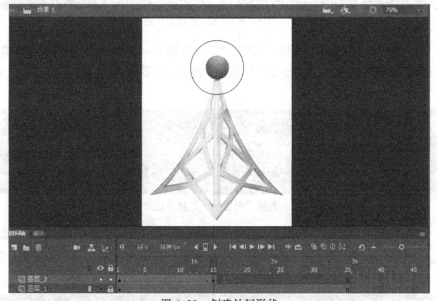

图 4-29　创建补间形状

步骤 8　新建"图层_3",单击"图层_2"中的第 1 ~ 15 帧,右击并选择"复制"命令,在"图层_3"中第 5 帧处右击并选择"粘贴"命令,在第 20 帧插入空白关键帧,如图 4-30 所示。

图 4-30　"新建图层_3"复制并粘贴所选帧

步骤 9 新建"图层_4",单击"图层_2"中的第 1～15 帧,右击并选择"复制"命令,在"图层_4"中第 7 帧处右击并选择"粘贴帧"命令,在第 22 帧插入空白关键帧,如图 4-31 所示。

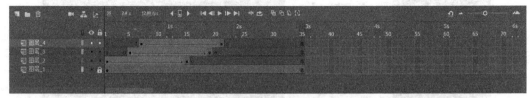

图 4-31 新建"图层_4"复制并粘贴所选帧

步骤 10 新建"图层_5",单击"图层_2"中的第 1～15 帧,右击并选择"复制"命令,新建"图层_5"中第 9 帧处右击并选择"粘贴帧"命令,在第 24 帧插入空白关键帧,如图 4-32 所示。

图 4-32 新建"图层_5"复制并粘贴所选帧

步骤 11 新建"图层_6",单击"图层_2"中的第 1～15 帧,右击并选择"复制"命令,在"图层_6"中的第 11 帧处右击并选择"粘贴帧"命令,在第 26 帧插入空白关键帧,如图 4-33 所示。

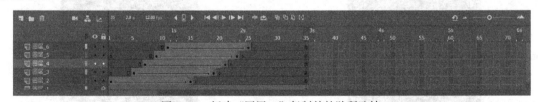

图 4-33 新建"图层_6"复制并粘贴所选帧

步骤 12 新建"图层_7",单击"图层_2"中的第 1～15 帧,右击并选择"复制"命令,在"图层_7"中第 13 帧处右击并选择"粘贴帧"命令,在第 28 帧插入空白关键帧,如图 4-34 所示。

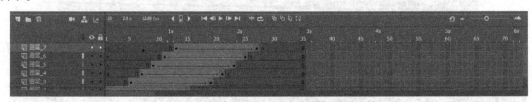

图 4-34 新建"图层_7"复制并粘贴所选帧

步骤 13 新建"图层_8",单击"图层_2"中的第 1～15 帧,右击并选择"复制"命令,在"图层_8"中的第 15 帧处右击并选择"粘贴帧"命令,在第 30 帧插入空白关键帧,如图 4-35 所示。

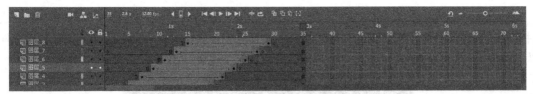

图 4-35   新建 "图层_8" 复制并粘贴所选帧

步骤 14   新建 "图层_9"，单击 "图层_2" 中的第 1 ~ 15 帧，右击并选择 "复制" 命令，在 "图层_9" 中第 17 帧处右击并选择 "粘贴帧" 命令，在第 32 帧插入空白关键帧，如图 4-36 所示。

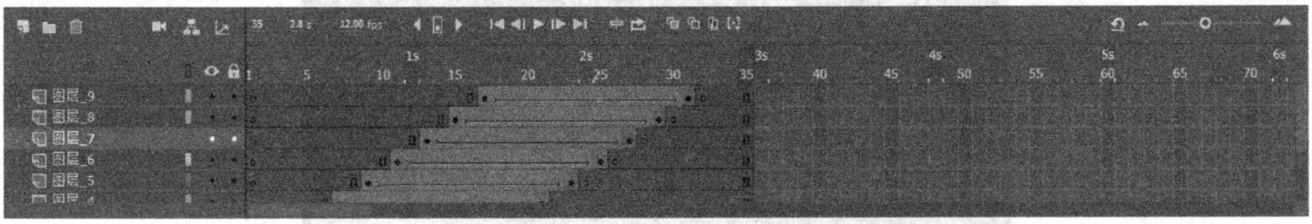

图 4-36   新建 "图层_9" 复制并粘贴所选帧

步骤 15   选择 "文件" → "导出" → "导出影片" 命令（快捷键【Ctrl+Alt+Shift+S】），弹出 "导出影片" 对话框，设置 "文件名" 为 "电磁波"，"保存类型" 为 "SWF 影片"，单击 "保存" 按钮，如图 4-37 所示。

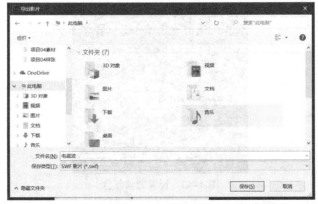

图 4-37   导出影片

任务 2   Animate 文字渐变动画效果

目的：文字渐变动画效果。
要点：制作一个文字逐渐飘逸淡化的效果，如图 4-38 所示。

图 4-38   文字渐变动画效果

多媒体技术与应用

步骤 1 新建一个 Animate 文档"春风吹杨柳.swf",保存在"我的文档"中。依次单击"文件"→"新建"命令,在弹出的"新建文档"对话框中设置尺寸为:550×400,"平台类型"为"Animate 文件(ActionScript 3.0)",单击"确定"按钮,如图 4-39 所示。

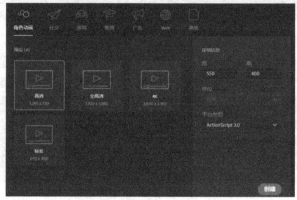

图 4-39 "新建文档"对话框

步骤 2 依次单击"修改"→"文档",在弹出的"文档设置"对话框中设置"舞台颜色"为#00FF00 颜色,"帧频"为 12,单击"确定"按钮,如图 4-40 所示。

图 4-40 设置背景颜色

步骤 3 单击右侧工具栏中的"文本工具",单击舞台空白处并输入文字"春风吹杨柳",设置文字字体为"隶书",大小为"40"磅,颜色为"FF00FF",如图 4-41 所示。

图 4-41 输入文字并设置属性

步骤 4　依次单击"修改"→"分离"命令，选中文字并右击，选择"分散到图层"命令，删除"图层_1"，如图 4-42 所示。

图 4-42　分离后分散到图层

步骤 5　单击"春"图层，选中第 1 帧，单击"修改"→"转换为元件"命令，弹出"转换为元件"对话框，设置"类型"为"图形"，单击"确定"按钮。在第 10 帧处右击，在弹出的快捷菜单中选择"插入关键帧"命令，将文字"春"移动至原文字的右上方，右击"春"，在弹出的快捷菜单中选择"变形"→"水平翻转"命令。在第 1 帧处右击并选择"创建传统补间"命令，如图 4-43 所示。

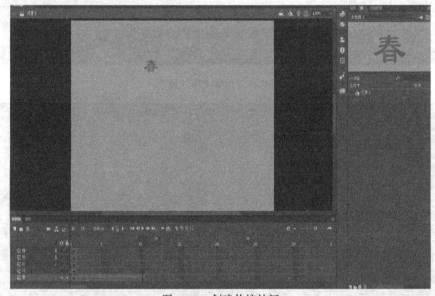

图 4-43　创建传统补间

步骤 6　选中第 10 帧文字"春"，在"属性"面板设置"样式"为 Alpha，Alpha 值为 0，如图 4-44 所示。

步骤 7　单击"风"图层，参照步骤 6 将图片转换为元件。在第 5 帧处插入关键帧，在第 15 帧处插入关键帧。将文字"风"移动至原文字的右上方，右击并在弹出的快捷菜单中选择"变形"→"水平翻转"命令。在第 5 帧处设置创建传统补间，如图 4-45 所示，选中第 15 帧文字"风"，在"属性"面板设置"样式"为 Alpha，Alpha 值为 0。

步骤 8　单击"吹"图层，参照步骤 6 将图片转换为元件。在第 10 帧插入关键帧，在第 20 帧插入关键帧，将文字"吹"移动至原文字的右上方，右击并在弹出的快捷菜单中选择"变形"→"水

图 4-44　设置文字"春"属性

平翻转"命令。在第 10 帧处创建传统补间，选中第 20 帧文字"吹"，在"属性"面板设置"样式"为 Alpha，Alpha 值为 0，如图 4-46 所示。

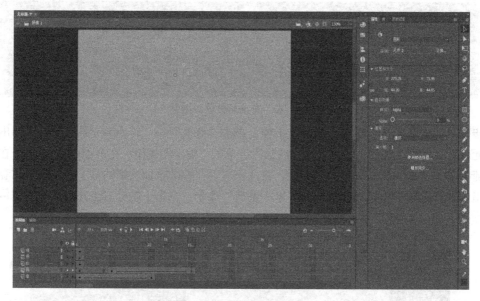

图 4-45　设置文字"风"

图 4-46　设置文字"吹"

步骤 9　单击"杨"图层，参照步骤 6 将图片转换为元件。在第 15 帧插入关键帧，在第 25 帧插入关键帧，将文字"杨"移动至原文字的右上方，右击并在弹出的快捷菜单中选择"变形"→"水平翻转"命令。在第 15 帧处创建传统补间，选中第 25 帧文字"杨"，在"属性"面板设置"样式"为 Alpha，Alpha 值为 0，如图 4-47 所示。

步骤 10　单击"柳"图层，参照步骤 6 将图片转换为元件。第 20 帧插入关键帧，在第 30 帧插入关键帧，在第 30 帧处将文字"柳"移动至原文字的右上方，右击并在弹出的快捷菜单中选择"变形"→"水平翻转"命令。在第 20 帧处创建传统补间，选中第 30 帧文字"柳"在"属性"面板设置"样式"为 Alpha，Alpha 值为 0，在"属性"面板设置"样式"为 Alpha，Alpha 值为 0，如图 4-48 所示。最终各层分布如图 4-49 所示。

图 4-47　设置文字"杨"

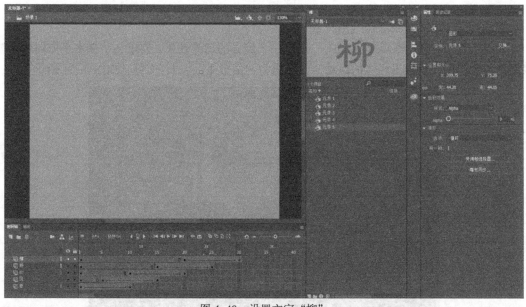

图 4-48　设置文字"柳"

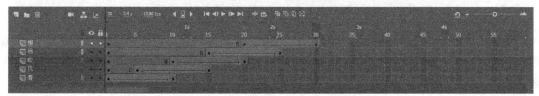

图 4-49　"春风吹杨柳"的最终各层分布

步骤 11　单击"文件"→"导出"→"导出影片"命令，设置"文件名"为"春风吹杨柳"，"保存类型"为"SWF 影片"，单击"保存"按钮，如图 4-50 所示。

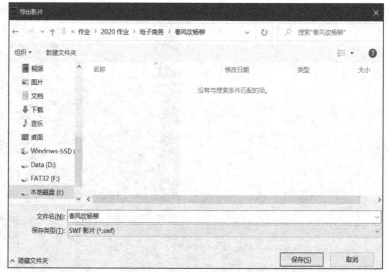

图 4-50　导出影片

任务 3　Animate 文字动画效果综合运用

目的：文字动画效果综合运用。

要点：打开文件"倒影文字.ani"，制作一个倒影的动画效果，要求文字在水平方向像水波纹跳动，倒影随文字做出相应的跳动，并导出为"倒影文字.swf"文件，如图 4-51 所示。

图 4-51　文字动画效果综合运用

步骤 1　打开"倒影文字.ani"文件，在"图层_1"的第一帧关键帧处将库中的 reflection.jpg 放置在舞台中央，修改图片宽度为 550，高度为 400，相对于舞台居中对齐，在第 50 帧处插入帧，如图 4-52 所示。

步骤 2　新建"图层_2"，在"图层_2"的第 1 帧处通过文本工具输入"城市绚丽夜景"文字，文本字体任意，大小设为 40 点，颜色为 00FFFF。选择文字，选择"修改"→"分离"命令，如图 4-53 所示。

图 4-52　创建图层插入帧

图 4-53　输入文字后并分离

步骤 3　新建"图层_3"，复制"图层_2"第 1 帧，在"图层_3"第 1 帧处粘贴帧。选择文字，选择"修改"→"变形"→"垂直翻转"命令。再选择"图层_2"第 1 帧的文字，右击并选择"分散到图层"命令，删除"图层_2"，选择"图层_3"第 1 帧的文字，右击并选择"分散到图层"命令，删除"图层_3"，如图 4-54 所示。

图 4-54　新建图层后并分散至各个图层

步骤 4　单击"城"图层，将其转换为元件 1（"类型"为"图形"），分别在第 5、15、25 帧处插入关键帧，选择第 15 帧，将文字"城"拖动至舞台上方适当位置，选择第 5 帧和第 15 帧创建传统补间，如图 4-55 所示。

图 4-55　将"城"转换为元件并插入关键帧后创建传统补间

步骤 5　单击"市"图层，将其转换为元件 2（"类型"为"图形"），分别在第 10、20、30 帧处插入关键帧，选择第 20 帧，将文字"市"拖动至舞台上方适当位置，选择第 10 帧和第 20 帧创建传统补间，如图 4-56 所示。

图 4-56　将"市"转换为元件并插入关键帧后创建传统补间

　　步骤 6　单击"绚"图层，将其转换为元件 3（"类型"为"图形"），分别在第 15、25、35 帧处插入关键帧，选择第 25 帧，将文字"绚"拖动至舞台上方适当位置，选择第 15 帧和第 25 帧创建传统补间，如图 4-57 所示。

图 4-57　将"绚"转换为元件并插入关键帧后创建传统补间

　　步骤 7　单击图层"丽"，将其转换为元件 4（"类型"为"图形"），分别在第 20、30、40 帧处插入关键帧，选择第 30 帧，将文字"丽"拖动至舞台上方适当位置，选择第 20 帧和第 30 帧，创建传统补间，如图 4-58 所示。

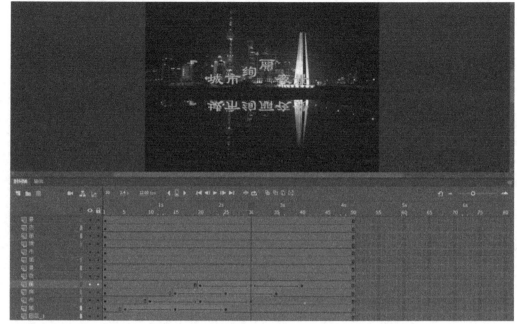

图 4-58 将"丽"转换为元件并插入关键帧后创建传统补间

步骤 8 单击图层"夜",将其转换为元件 5("类型"为"图形"),在第 25、35、45 帧处插入关键帧,选择第 35 帧,将文字"夜"拖动至舞台上方适当位置,选择第 25 帧和第 35 帧创建传统补间,如图 4-59 所示。

图 4-59 将"夜"转换为元件并插入关键帧后创建传统补间

步骤 9 单击"景"图层,将其转换为元件 6("类型"为"图形"),在第 30、40、50 帧处插入关键帧,选择第 40 帧,将文字"景"拖动至舞台上方适当位置,选择第 30 帧和第 40

帧创建传统补间，效果如图 4-60 所示。

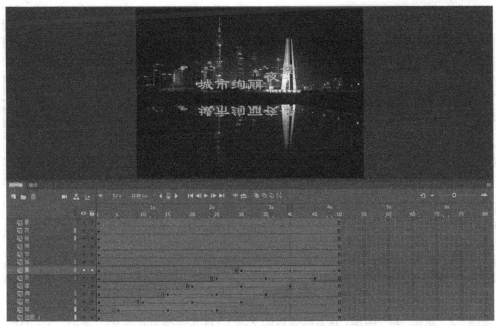

图 4-60　将"景"转换为元件并插入关键帧后创建传统补间

步骤 10　单击"城"图层（垂直翻转后的文字），将其转换为元件 7（"类型"为"图形"），在第 5、15、25 帧处插入关键帧，选择第 15 帧，将文字"城"拖动至舞台下方适当位置，选择第 5 帧和第 15 帧创建传统补间，效果如图 4-61 所示。

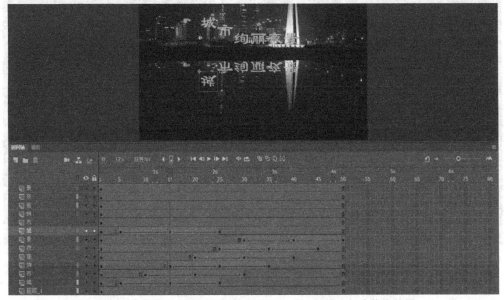

图 4-61　将倒立"城"转换为元件并插入关键帧后创建传统补间

步骤 11　单击"市"图层（垂直翻转后的文字），将其转换为元件 8（"类型"为"图形"），在第 10、20、30 帧处插入关键帧，选择第 20 帧，将文字"市"拖动至舞台下方适当位置，选择第 10 帧和第 20 帧创建传统补间，效果如图 4-62 所示。

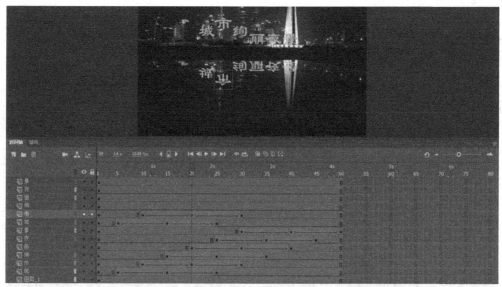

图 4-62　将倒立"市"转换为元件并插入关键帧后创建传统补间

步骤 12　单击"绚"图层（垂直翻转后的文字），将其转换为元件 9（"类型"为"图形"），在第 15、25、35 帧处插入关键帧，选择第 25 帧，将文字"绚"拖动至舞台下方适当位置，选择第 15 帧和第 25 帧创建传统补间，效果如图 4-63 所示。

图 4-63　将倒立"绚"转换为元件并插入关键帧后创建传统补间

步骤 13　单击"丽"图层（垂直翻转后的文字），将其转换为元件 10（"类型"为"图形"），在第 20、30、40 帧处插入关键帧，选择第 30 帧，将文字"丽"拖动至舞台下方适当位置，选择第 20 帧和第 30 帧创建传统补间，效果如图 4-64 所示。

◎ 项目 4 Animate 二维动画设计

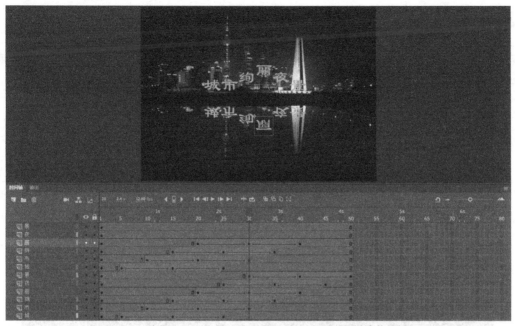

图 4-64 将倒立"丽"转换为元件并插入关键帧后创建传统补间

步骤 14 单击"夜"图层(垂直翻转后的文字),将其转换为元件 11("类型"为"图形"),在第 25、35、45 帧处插入关键帧,选择第 35 帧,将文字"夜"拖动至舞台下方适当位置,选择第 25 帧和第 35 帧创建传统补间,效果如图 4-65 所示。

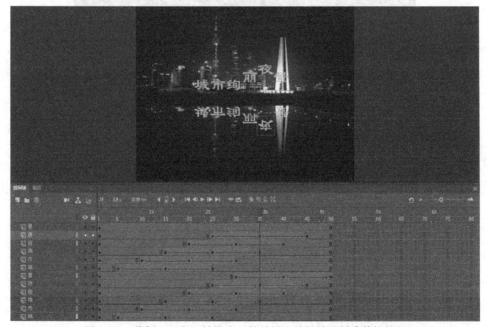

图 4-65 将倒立"夜"转换为元件并插入关键帧后创建传统补间

步骤 15 单击"景"图层(垂直翻转后的文字),将其转换为元件 12("类型"为"图形"),在第 30、40、50 帧处插入关键帧,选择第 40 帧,将文字"景"拖动至舞台下方适当

● ● ● 93

位置，选择第 30 帧和第 40 帧创建传统补间，效果如图 4-66 所示。

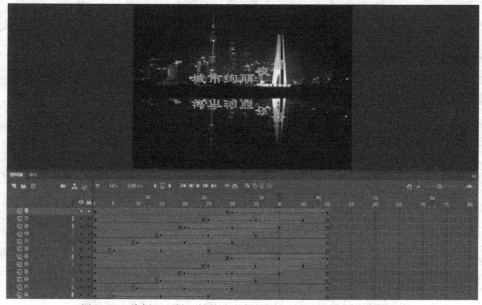

图 4-66　将倒立"景"转换为元件并插入关键帧后创建传统补间

步骤 16　依次单击"文件"→"导出"→"导出影片"菜单，设置"文件名"为"倒影文字"，"保存类型"为"SWF 影片"，单击"保存"按钮，效果如图 4-67 所示。

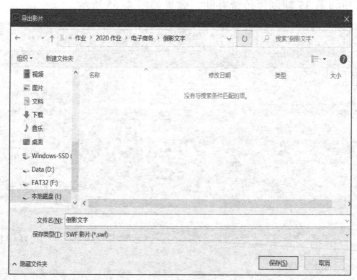

图 4-67　保存并导出影片

任务 4　Animate 变换按钮效果

目的：利用叶子图片素材制作一个按钮。

要点：当鼠标移到树叶按钮上时，叶片向四周散开，如图 4-68 所示。并将文件导出为"变幻按钮.swf"。

变换按钮

图 4-68 效果图

步骤 1 依次选择 "新建" → "文档" → "Animate 文档（ActionScript 3.0）" 类型，设置宽度为 500，高度为 500，如图 4-69 所示。

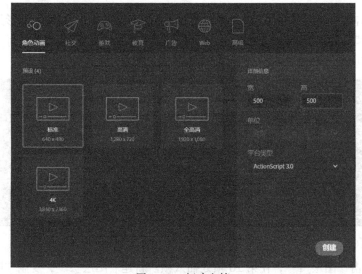

图 4-69 新建文档

步骤 2 在 "文档设置" 对话框中设置 "舞台颜色" 为深蓝色（"#000099"），"帧频" 为 12fps，如图 4-70 所示。

图 4-70 "文档设置" 对话框

步骤 3 单击 "文件" → "导入" → "导入到库"，并将 "叶子" 放置舞台中心，转换为元件 1，选中叶子，单击 "修改" → "转换为元件" 命令，将其转换为元件。单击 "修改" →

分离命令，（需要连续分离两次），使用右侧工具栏中魔术棒工具单击图片白色部分，按【Delete】键进行删除，选用右侧工具栏中橡皮擦工具 ◆ 进行再次擦除，如图 4-71 所示。

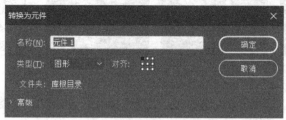

图 4-71 导入素材修改后并转换为元件

步骤 4 单击"插入"→"新建元件"菜单，新建元件并设置类型为"影片剪辑"，修改名称为"叶子动"，将元件 1 拖入舞台中央，打开对齐方式，设置为与舞台对齐后居中，此时叶子处于舞台正中间，如图 4-72 所示。

图 4-72 插入元件并居中对齐

步骤 5 单击"图层_1"，在第 20 帧处插入帧。新建"图层_2"，复制"图层_1"中的叶子粘贴在"图层_2"的第一帧中，在第 15 帧处插入关键帧。单击右侧工具栏中的"任意变形工具"按钮 进行向左边旋转缩小（按住【Shift】键），在"属性"面板设置"样式"为 Alpha，Alpha 值为 0，在第一帧创建传统补间，如图 4-73 所示。

图 4-73 新建"图层_2"后修改并创建传统补间

步骤 6　新建"图层_3"，复制"图层_1"中第一帧叶子粘贴在"图层_3"的第一帧中，在第 15 帧处插入关键帧，点击右侧工具栏中的"任意变形工具"按钮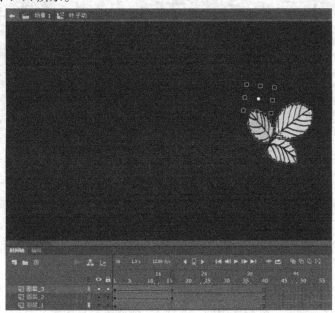进行向左边上方旋转缩小（按住【Shift】键），在"属性"面板设置"样式"为 Alpha，Alpha 值为 0，在第一帧创建传统补间，如图 4-74 所示。

图 4-74　新建"图层_3"后修改并创建传统补间

步骤 7　新建"图层_4"，复制"图层_1"中第一帧叶子粘贴在"图层_4"的第一帧中，在第 15 帧处插入关键帧，点击右侧工具栏中的"任意变形工具"按钮进行向左边上方旋转缩小（按住【Shift】键），在"属性"面板设置"样式"为 Alpha，Alpha 值为 0，在第一帧创建传统补间，如图 4-75 所示。

图 4-75　新建"图层_4"后修改并创建传统补间

步骤 8　新建"图层_5"，复制"图层_1"中第一帧叶子粘贴在"图层_5"的第一帧中，在第 15 帧处插入关键帧，点击右侧工具栏中的"任意变形工具"按钮　进行向右边下方旋转缩小（按住【Shift】键），在"属性"面板设置"样式"为 Alpha，Alpha 值为 0，在第一帧创建传统补间，如图 4-76 所示。

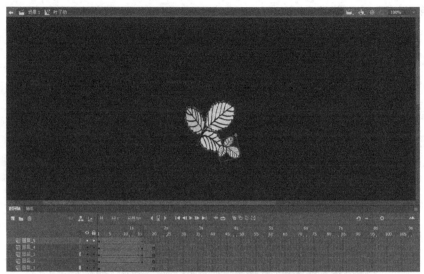

图 4-76　新建"图层_5"后修改并创建传统补间

步骤 9　单击"插入"→"新建元件"菜单，新建元件并设置类型为"按钮"，名称修改为"叶子按钮"，在"弹起"处将库中的"元件 1"拖放至舞台中央，右击"指针经过"命令，在弹出的快捷菜单中选择"插入空白关键帧"命令，将影片剪辑"叶子动"拖入舞台中央，插入关键帧，如图 4-77 所示。

图 4-77　创建按钮

步骤 10　返回场景 1，在"图层_1"的第一帧中将叶子按钮拖放至舞台，右击第一帧选择"动作"命令，并输入相应代码，如图 4-78 所示。

步骤 11　依次单击"文件"→"导出"→"导出影片"菜单，设置文件名为"变幻按钮"，"保存类型"为"SWF 影片"，单击"保存"按钮，如图 4-79 所示。

图 4-78   输入代码

图 4-79   导出影片

任务 5   Animate 遮罩动画效果

目的：遮罩动画。

要点：制作字幕逐渐进入画面，再退出画面的动画效果，制作完成后，导出影片，名称为"彩色字幕.swf"，如图 4-80 所示。

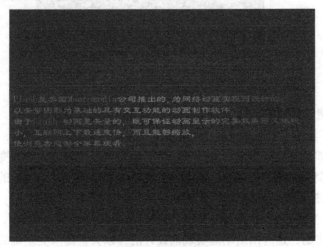

图 4-80   遮罩动画

多媒体技术与应用

步骤 1　在 Animate 中依次单击"文件"→"新建"命令，"平台类型"设置为"Flash 文件（ActionScript 3.0）"，单击"确定"按钮，如图 4-81 所示。

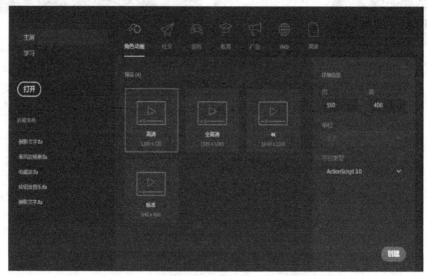

图 4-81　新建文件

步骤 2　依次单击"修改"→"文档"命令，在"文档设置"对话框中"舞台颜色"选"#000033"，"帧频"为 12，如图 4-82 所示。

图 4-82　更改背景色

步骤 3　在右侧工具栏单击"矩形工具"按钮▢。

步骤 4　选中"图层_1"的第 1 帧，依次单击"窗口"→"颜色"命令，打开"颜色"面板。

步骤 5　选择"填充色"为"渐变颜色"，"填充类型"为"线性渐变"，并在色彩区域调整"红-绿-蓝"类型，在"图层_1"的第 1 帧中画一个与舞台大小一样的渐变矩形并且覆盖舞台，在第 30 帧处插入帧，如图 4-83 所示。

步骤 6　新建"图层_2"，通过"文字工具"在舞台底部下方外侧输入文字"Flash 是美国 Macromedia 公司推出的，是为网络动画实现而设计的，以矢量图形为基础的具有交互功能的动画制作软件。由于 Flash 动画是矢量的，既可保证动画显示的完美效果而又体积小，互联网上下载速度快，而且能够缩放，使浏览者能够全屏幕观看。"文字格式任意，大小为 25 磅，颜色为黑色，调整文本框宽度，右击文字选择将其转换为元件 1（选择"类型"为"图形"），效果如图 4-84 所示。

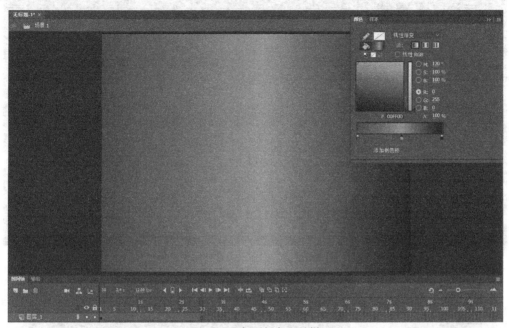

图 4-83　打开颜色工具栏

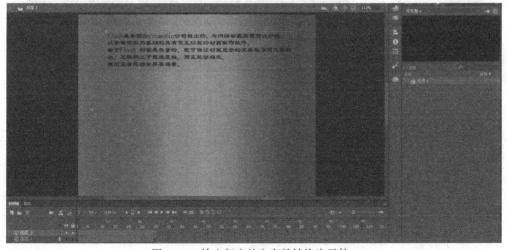

图 4-84　输入相应的文字并转换为元件 1

步骤 7　单击"图层_2"的第 30 帧，插入关键帧，将元件 1 上移至舞台顶部上方外侧（按住【Shift】键），返回"图层_2"的第 1 帧创建传统补间，如图 4-85 所示。

步骤 8　锁定"图层_2"，右击"图层_2"，选择"遮罩层"命令，如图 4-86 所示。

步骤 9　单击"文件"菜单→"导出"→"导出影片"命令，设置"文件名"为"彩色字幕"，"保存类型"为"SWF 影片"，单击"保存"按钮。如图 4-87 所示。

图 4-85　在"图层_2"中插入关键帧后创建传统补间

图 4-86　设置遮罩层

图 4-87　导出影片

任务 6　Animate 遮罩效果综合运用

目的：遮罩效果综合运用。

要点：利用遮罩制作如图 4-88 所示的潜望镜移动的动态效果，并导出影片，名称为"潜望镜.swf"，如图 4-88 所示。

图 4-88　遮罩效果综合运用

步骤 1　打开素材文件夹中的"潜望镜.fla"，依次单击"修改"→"文档"命令，设置"舞台颜色"为黑色，帧频为 12，如图 4-89 所示。

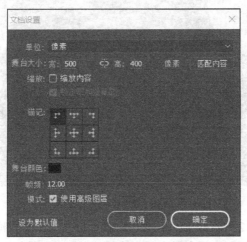

图 4-89　"文档设置"对话框

步骤 2　单击"图层 1"第 1 帧，将库中的"舰队.png"拖到舞台中央，水平方向与垂直方向都居中对齐，在第 60 帧处插入帧，锁定🔒"图层 1"，如图 4-90 所示。

步骤 3　新建"图层_2"，将库中的"遮罩元件"放置于舞台左侧并与舞台有一定间距，垂直居中，如图 4-91 所示。

图 4-90 设置"图层 1"

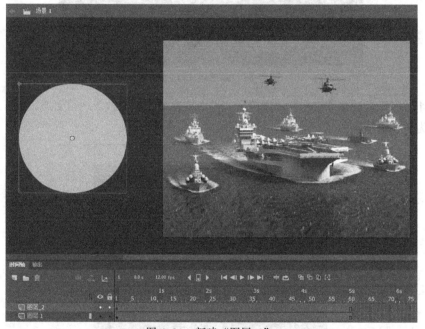

图 4-91 新建"图层_2"

步骤 4 单击"图层_2"第 30 帧，插入关键帧，按住【Shift】键移动"遮罩元件"至舞台右侧外部（与舞台有一定间距，垂直居中），返回"图层_2"的第 1 帧复制帧，到"图层_2"的第 60 帧粘贴帧，在第 1 帧和第 30 帧创建传统补间（使"遮罩元件"左右移动），右击"图层 2"并选择"遮罩层"命令，如图 4-92 所示。

步骤 5 新建"图层_3"后（注意：解锁图层 2）将"潜望镜"元件放置于舞台左侧外部（使潜望镜的镜片正好套住"图层_2"的"遮罩元件"），在第 30 帧处插入关键帧，将"潜望镜"元件按住【Shift】键移动至舞台右侧外部，使潜望镜的镜片正好套住"图层_2"的"遮罩元件"，返回"图层_3"的第 1 帧复制帧，到"图层_3"的第 60 帧粘贴帧，如图 4-93 所示。

图 4-92　遮罩层

图 4-93　在"图层_3"放置"潜望镜"元件

步骤 6　分别在"图层_3"的第 1 帧和第 30 帧创建传统补间（使"潜望镜"元件左右移动），锁定"图层_2"和"图层_3"，如图 4-94 所示。

步骤 7　依次单击"文件"→"导出"→"导出影片"命令，设置"文件名"为"潜望镜"，"保存类型"为"SWF 影片"，单击"保存"按钮，如图 4-95 所示。

图 4-94　创建传统补间

图 4-95　导出影片

任务 7　Animate 引导层效果设计

目的：引导层效果设计。

要点：利用引导层制作如图 4-96 所示的汽车行驶动态效果，并保存为"飞驰.swf"。

步骤 1　打开素材库的"飞驰.fla"文件，将库中的"road.jpg"作为背景放置于"图层 1"的第 1 帧并设置相对于舞台水平居中和垂直居中，在第 60 帧处插入关键帧，如图 4-97 所示。

图 4-96　引导层效果

图 4-97　添加背景

步骤 2　新建"图层_2"，将库中的"car.jpg"放置于第 1 帧，单击"修改"→"位图"→"转换位图为矢量图"命令，单击"确定"按钮。选择飞机图片的蓝色背景区域，按【Delete】键，单击"图层_2"第 1 帧，单击"修改"→"转换为元件"（"类型"为"图形"），设置元件名称为"元件 1"，单击"确定"按钮，如图 4-98 和图 4-99 所示。

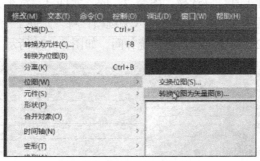

图 4-98　转换位图为矢量图

图 4-99　转换为元件

步骤 3　将"元件 1"汽车拖放于舞台右下方中间小路底部，选中"图层_2"，右击选择"添加传统运动引导层"命令，如图 4-100 所示。

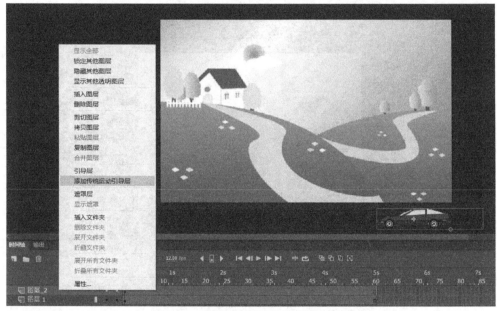

图 4-100　"添加传统运动引导层"命令

步骤 4　单击"引导层：图层_2"的第 1 帧，选择"画笔工具"，设置"平滑"为 High，在舞台中按照图片中的道路轨迹进行绘制，将近景的道路延伸至舞台外后再将其拉回图片中较远的道路（需要沿着图片中道路绘制），然后锁定引导层，如图 4-101 和图 4-102 所示。

步骤 5　单击"选择工具"，选择"图层_2"的"元件 1"汽车，将汽车的中心点与运动曲线的起点重合，在"图层_2"第 30 帧处插入关键帧，将"元件 1"汽车拖放到舞台左侧外部的交汇处，返回"图层_2"的第 1 帧创建传统补间，如图 4-103 所示。

图 4-101　画笔模式设置

图 4-102　绘制曲线

图 4-103　将汽车的中心点与运动曲线重合

步骤 6　在"图层_2"的第 31 帧处插入关键帧，选择"修改"→"变形"→"水平翻转"命令，在第 60 帧处插入关键帧，将"元件 1"汽车沿着运动曲线移动至舞台右上方外侧曲线终点（在舞台外）并适当缩小汽车，返回"图层_2"的第 31 帧创建传统补间，如图 4-104 所示。

步骤 7　依次选择"文件"→"导出"→"导出影片"命令，设置"文件名"为"飞驰"，"保存类型"为"SWF 影片"，单击"保存"按钮，如图 4-105 所示。

图 4-104　将汽车沿着运动曲线移动至舞台右上方外侧

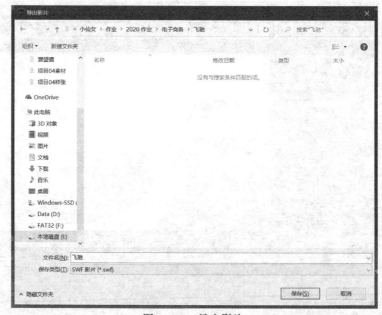

图 4-105　导出影片

任务 8　Animate 英文字母引导层效果设计

目的：引导层效果设计。

要点：利用引导层制作如图 4-106 所示的激光字体动态效果，并保存为"激光字体.swf"。

步骤 1　依次选择"新建"→"文档"（ActionScript 3.0）类型，大小默认为 640×480 像素，单击"创建"按钮，如图 4-107 所示。

图 4-106 引导层效果

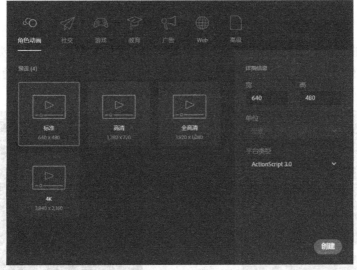

图 4-107 新建文档

步骤 2 依次选择"修改"→"文档"命令,"舞台颜色"为"黑色","帧频"设为12,如图 4-108 所示。

图 4-108 "文档设置"对话框

步骤 3 选择"插入"→"新建元件"命令,修改名称为"笔",修改文件类型为"图形",

多媒体技术与应用

单击右侧工具栏中的"钢笔工具" ，颜色任意，在舞台中央绘制一个三角形的笔身，再用"颜料桶工具"将三角形内部填充，如图4-109所示。

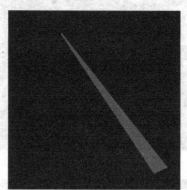

图4-109　新建元件并绘制三角形

步骤4　单击右侧工具栏中的"椭圆工具" 在舞台中绘制笔头，选中笔头后单击"窗口"→"颜色"→"径向渐变"命令，设置颜色，如图4-110所示。然后调整好椭圆位置在三角形上方后，并将中心点放置在笔头上，如图4-110和图4-111所示。

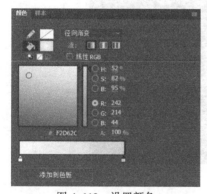

图4-110　设置颜色

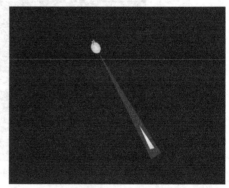

图4-111　绘制笔头

步骤5　单击右侧工具栏中"文本工具" ，在舞台中央输入英文Flash，字体为"Adobe黑体 Std"，大小为"150"磅。单击"修改"→"分离"命令（两次），单击右侧工具栏中"墨水瓶工具" ，修改笔触颜色为"#00FFFF"，笔触大小为3，选中字体进行轮廓填充。单击右侧工具栏中的"选择工具" ，将内部字体选中后按【Delete】键进行清除只留下轮廓，如图4-112所示。

图4-112　输入文字

112

步骤 6 新建"图层_2"，将原件"笔"拖入舞台中调整为合适的大小，右击选择"添加传统运动引导层"命令，复制"图层_1"中的第 1 帧并粘贴在引导层的第一帧中，在引导层的第 75 帧中插入帧，如图 4-113 和 4-114 所示。

图 4-113 添加引导层

图 4-114 插入帧

步骤 7 锁定"图层_2"和"图层_1"并对"图层_1"进行隐藏，选中引导层中的第一帧，选择右侧工具栏中的"橡皮擦工具" ◆ 设置大小为 8，在每一个字母中擦出一个开口，如图 4-115 所示。

步骤 8 解锁"图层_2"，在第 15 帧中插入关键帧，在第 1 帧中将笔头放置在"F"左边开口上，第 15 帧中将笔拖放在"F"右边开口线处，右击第 1 帧选择"创建传统补间"命令，如图 4-116 所示。

图 4-115　引导层绘制缺口

图 4-116　将笔拖放至"F"字母的开口位置

步骤 9　分别在第 16 帧和 30 帧处中插入关键帧，在第 16 帧中将笔头放置在"l"左边开口上，第 30 帧中将笔拖放在"l"右边开口线处，右击第 16 帧选择"创建传统补间"命令，如图 4-117 所示。

图 4-117　将笔拖放至"l"字母的开口位置

步骤 10　分别在第 31 帧和 45 帧处中插入关键帧，在第 31 帧中将笔头放置在"a"下面开口上，第 45 帧中将笔拖放在"a"上面开口线处，右击第 31 帧选择"创建传统补间"命令，在第 46 帧和 50 帧插入关键帧，在第 46 帧中将笔头放置在"a"里左边的开口上，第 50 帧中将笔拖放在"a"里右边开口处，右击第 46 帧选择"创建传统补间"命令，效果如图 4-118 所示。

图 4-118　将笔拖放至"a"字母的开口位置

步骤 11　分别在第 51 帧和 62 帧处中插入关键帧，在第 51 帧中将笔头放置在"s"一个开口上，第 62 帧中将笔拖放在"s"另一个开口线处，右击第 51 帧选择"创建传统补间"命令，如图 4-119 所示。

图 4-119　将笔拖放至"s"字母的开口位置

步骤 12　分别在第 63 帧和 75 帧处中插入关键帧，在第 63 帧中将笔头放置在"h"一个开口上，第 75 帧中将笔拖放在"h"另一个开口线处，右击第 63 帧选择"创建传统补间"命令，如图 4-120 所示。

图 4-120　将笔拖放至"h"字母的开口位置

　　步骤 13　锁定并隐藏引导层以及"图层_2",解锁并显示"图层_1"后,在第 15 帧、第 16 帧、第 30 帧、第 31 帧、第 45 帧、第 46 帧、第 50 帧、第 51 帧、第 62 帧、第 63 帧、第 75 帧中插入关键帧并逐一删除字母(1~15 帧为"F",如图 4-121 所示;16~30 帧为"Fl",如图 4-122 所示;31~50 帧为"Fla",如图 4-123 所示;51~62 帧为"Flas",如图 4-124 所示;63~75 帧为"Flash",如图 4-125 所示)。

　　步骤 14　单击"图层_1"中的第 1 帧并单击 F6 插入关键帧,使"图层_1"中所有空缺的帧都被填满,如图 4-126 所示。

　　步骤 15　单击"图层_1"中的第 1 帧根据笔移动的路线用右侧工具栏中的"橡皮擦工具"进行修改,清除字母中不需要的部分,依次进行修改直至所有字体显示完成(每一帧都需要),如图 4-127 所示。

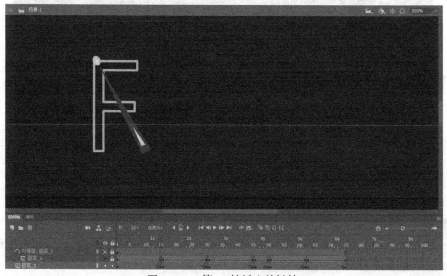

图 4-121　第 15 帧插入关键帧

图 4-122 第 16 帧插入关键帧

图 4-123 第 50 帧插入关键帧

图 4-124 第 62 帧插入关键帧

图 4-125　第 75 帧插入关键帧

图 4-126　插入关键帧

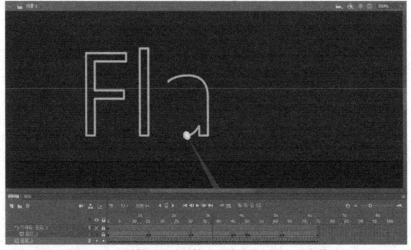

图 4-127　根据引导路径使用"橡皮擦工具"进行修改

步骤 16　依次选择"文件"→"导出"→"导出影片"命令，设置"文件名"为"激光字体"，"保存类型"为"SWF 影片"，单击"保存"按钮，如图 4-128 所示。

图 4-128　保存并导出影片

总结与提高

遮罩层能够遮盖任何同遮罩层相关联的图层（被遮层）里的内容。遮罩层中的对象必须是色块、文字、符号、mc（movieClip）、按钮或群组对象，但是位图及线条在遮罩层上是不起作用的，而被遮层线条或是位图都不被限制。

引导路径动画：将一个或多个层链接到一个运动引导层，使一个或多个对象沿同一条路径运动的动画形式称为"引导路径动画"。这种动画可以使一个或多个元件完成曲线或不规则运动。

引导层是用来指示元件运行路径的，所以"引导层"中的内容可以是用钢笔、铅笔、线条、椭圆工具、矩形工具或画笔工具等绘制出的线段。而"被引导层"中的对象是跟着引导线走的，可以使用影片剪辑、图形元件、按钮、文字等，但不能应用形状。

由于引导线是一种运动轨迹，不难想象，"被引导"层中最常用的动画形式是动作补间动画，当播放动画时，一个或数个元件将沿着运动路径移动。

按钮元件是 Animate 的基本元件之一，它具有多种状态，并且会响应鼠标事件，执行指定的动作，是实现动画交互效果的关键对象。

使用按钮元件可以创建响应鼠标单击、滑过或其他动作的交互式按钮，可以定义与各种按钮状态关联的图形，然后将动作指定给按钮实例。要制作一个交互式按钮，可把该按钮元件的一个实例放在舞台上，然后给该实例指定动作。必须将动作指定给文档中按钮的实例，而不是指定给按钮时间轴中的帧。

习　题

一、选择题

1. 以下不运用 Animate 动画中的帧是（　　　）。
   A. 关键帧　　　　　B. 移动过渡帧　　　　C. 普通帧　　　　D. 其他帧
2. 以下图形放大后不会呈现模糊状态的是（　　　）。
   A. 矢量图形　　　　B. JPG　　　　　　　C. BMP　　　　D. PSD
3. 创建新元件的快捷键是（　　　）。
   A.【Ctrl+F11】　　B.【Ctrl+F4】　　　C.【Ctrl+F5】　　D.【Ctrl+F8】
4. 在 Animate 中，所有图像、按钮或动画片段都可称为（　　　）。
   A. 元件　　　　　　B. 库　　　　　　　C. 图层　　　　D. 时间轴
5. 在同一图层连续的关键帧上绘制或编辑不同的图形对象而形成的动画称为（　　　）。
   A. 关键动画　　　　B. 移动动画　　　　C. 逐帧动画　　　　D. 补间动画

二、实践操作题

1. 制作不同形状的逐帧动画。

利用工具箱的"椭圆工具"和"矩形工具"，分别在第 1、15、30 帧插入 3 个关键帧，形状依次为正圆、矩形和五角星，填充色自定义，观察播放的效果。

【提示】要制作五角形，需要选用"多角星形工具"，修改"工具设置"的选项：样式为"星形"，边数为 5 即可。

2. 制作形状变化的过渡动画。

利用上例，在第 1、15 帧处通过属性面板设置形状补间，形成变形动画，观察播放的效果。

【提示】正常的形状补间，时间轴上显示的是棕色底色的实线，如图 4-129（a）所示；若是虚线，说明补间不成功，如图 4-129（b）所示，原因是补间前后的对象不一致。

（a）正确　　　　　　　　　　　　（b）不正确

图 4-129　补间正确与否时间轴显示

3. 利用逐帧动画制作森林夜晚有月亮和闪烁的星星。

【提示】

（1）首先制作两个元件：黑色的三角形与矩形组合作为树木，白色的五角星表示星星。

（2）场景中背景层的树木元件个数与位置固定，如图 4-130 所示；图层 2 每一帧绘制不同的月亮，比如第 1 帧峨眉月，第 2 帧弦月，第 3 帧凸月，第 4 帧满月，同时每个关键帧引入不等的星星元件，来表示每天出现的月亮和星星是不同的，如图 4-131 所示。（帧频由默认 12 为 3）。

4. 利用图层遮罩技术，制作一个类似于打字机在屏幕上依次打出一行文字的动画效果。例如，逐一显示"新年快乐阖家团圆"，文字下有一条下画线，表示当前光标位置。

图 4-130　背景层树木　　　　　　　　图 4-131　每一帧有不同的月亮和星星

【提示】

（1）新建一个元件，选择符号类型为"图形"，元件名称为"下画线"，在第 1 帧处用"直线工具"画一条黄色线，宽度约与一个字符位置同。

（2）切换到场景，设置场景的背景为红色，大小为 500×200 像素，帧频为 12；在图层 1 的第 1 帧输入文字"新年快乐阖家团圆"，并设置文字大小和颜色；在第 8 帧插入帧。

（3）添加图层 2，在第 1 帧画矩形，宽度为一个字符，并定位于图层 1 的第一个字符处；在第 8 帧画矩形，宽度为"新年快乐阖家团圆"8 个字符宽；建立第 1 帧与第 8 帧之间的动画形状补间；该图层设置为遮罩层（见图 4-132）。

（4）添加图层 3，在第 1 帧引用元件库的"下画线"元件，位置定位在与图层 2 第 1 帧相应的位置右下角处，即图层 1 字符"年"的下方；在第 8 帧插入关键帧，定位于最后一个字符"圆"的右下方；建立第 1 帧与第 8 帧之间的动画"动作"补间（见图 4-133）。

图 4-132　设计时的第 1 帧界面　　　　　图 4-133　播放后的第 5 帧界面

说明：为慢速观看效果，可双击时间轴的帧频率处，改变帧频率为 2（默认为 12）。

三、视频操作训练题

1. 扫描二维码，完成打字动画制作。
2. 扫描二维码，完成引导遮罩动画制作。
3. 扫描二维码，完成骨骼动画制作。
4. 扫描二维码，完成综合动画制作。
5. 扫描二维码，完成引导层动画制作。

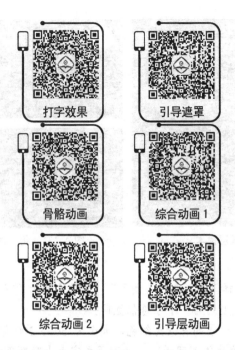

打字效果　　　　引导遮罩

骨骼动画　　　　综合动画 1

综合动画 2　　　引导层动画

项目5　Director多媒体制作

Director 主要用于多媒体项目的集成开发。我们看到的许多多媒体光盘都是由 Director 开发制作的。Director 从诞生到现在一直处于多媒体制作行业的领先地位，Director 可以创建包含高品质图像、数字视频、音频、动画、3D 模型、文本、超文本以及 Flash 文件等多媒体程序。

项目提出

小张同学是一个艺术爱好者，非常想编写自己的剧本和创作自己的作品。他平时收集了许多创作的素材，如拍摄的照片、录像、录音等，也有了创作的构想，问题是如何用这些素材根据自己的创作构想来创作一部作品呢？他找到了任课的陈老师，并提出了以下问题：

（1）有没有一个工具可以把声音、视频、图像、文本等元素组合在一个作品中？

（2）能不能根据编剧的需要使上述元素出现在动作发生的地方？

（3）能不能实现交互功能？

陈老师告诉小张：能把声音、视频、图像、文本等元素集成在一个作品中，并且具有交互功能的多媒体软件工具有许多，其中 Director 软件一直处于多媒体制作行业的领先地位。因此，学会 Director 软件的使用，可以创建包含高品质图像、数字视频、音频、动画、3D 模型、文本、超文本以及 Flash 文件的多媒体作品。

小张听后非常感兴趣，那么如何学习 Director 来创作自己的多媒体作品呢？

项目分析

通常，一件真正的多媒体作品的完成要经过一系列流程，成功的流程规划可以使计算机多媒体的制作事半功倍。多媒体项目制作的一般流程如下：

（1）策划项目内容。不论是多媒体光盘、互动教学程序，还是网络多媒体、互动游戏、虚拟现实，都需要有好的项目策划内容作为依据，没有事先思考或规划的多媒体作品，很有可能不完整，所以内容的规划很重要，这样才能使多媒体的制作事半功倍。

（2）绘制脚本及流程图。绘制脚本其实并不复杂，只是将制作的画面粗略画出来。通常情况下，一个多媒体作品都是由多个美工人员与多个程序编写人员共同完成的，有了脚本之后不仅方便作业，而且可以避免风格不统一的情况。

（3）准备多媒体相关素材。当项目内容及流程决定之后，如果马上开始制作动画或者多媒体，可能会造成东缺一张图、西缺一段音效的情形。因此，在真正开始制作之前，应该先准备好素材，这样才能在后续的制作过程中在多媒体的整合上下功夫。

（4）使用 Director 整合与制作。整理好项目制作所需的素材后，就可以利用多媒体编辑整合软件（如 Director）去整合这些素材了。不但要按照当初绘制的脚本内容来编排剧本，还要按照当初绘制的流程图来编写程序，并且根据需要加入适当的特效。

（5）执行测试与排错。这可以说是非常重要的一个步骤。测试制作完成的作品，并从中找到有瑕疵的部分。参与测试的人员必须完整地测试该多媒体项目的所有内容，并且以使用者的操作和观赏思维来进行测试。这样能够更精确地找出错误与不足的地方，好让多媒体整合人员再次进行修正。

（6）多媒体项目打包并发出母片。经过了初步的测试与修正后，就可以把这个多媒体作品打包了。打包时，可依据不同的需求输出不同的格式。多媒体光盘和网络用的 Shockwave 文件格式有很大的不同，因此必须根据实际需要输出。

（7）完整母片再测试，做最后检查。包装之后的多媒体产品是更接近成品的作品，在这个阶段还要进行严格的测试，尽量找出存在的不足和错误之处，因为光盘压片后才发现问题，那就太迟了。

（8）压制光盘，进入光盘批量生产阶段。经过严格测试并修正错误后的母盘就可以送到压片工厂进行批量生产了。

（9）包装产品，上市销售。将生产出来的批量产品进行精美的包装，包装完成之后，就可以上市销售了。

至此，整个多媒体项目的开发制作完成。多媒体项目的制作流程示意图如图 5-1 所示。

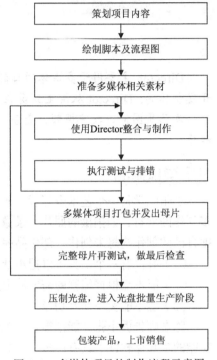

图 5-1　多媒体项目的制作流程示意图

相关知识点

一、Director 工作界面简介

在学习利用 Director 制作与开发多媒体程序之前，必须从熟悉它的界面入手。图 5-2 为 Director 12 的默认工作界面。

图 5-2 中各标注所对应的功能如下：

① 主菜单栏。Director 中的所有功能均可通过各菜单项来实现。

② 图标工具栏。常用功能的快捷方式。

③ 舞台工具箱。使用于舞台上的各种工具，比如绘制简易矢量图、按钮及移动舞台中演员的位置等。

④ 舞台。演员表演的地方，也是电影发布后所看到的画面。

⑤ 剧本窗口。用来安排演员的演出方式及各种特效等。

⑥ 演员窗口。管理所有演员的地方，也可由此检查目前所包含的演员的数量及种类。

⑦ 属性窗口。根据选取对象的不同，相应显示该对象的基本信息以及属性设定。

⑧ 程序工具组窗口。包含行为程序库、行为检视器及对象检视器。

图 5-2　Director 12 默认工作界面

二、图标工具栏

为了方便使用者操作，Director 将很多常用功能以图标的形式放在图标工具栏中。图标工具栏如图 5-3 所示。

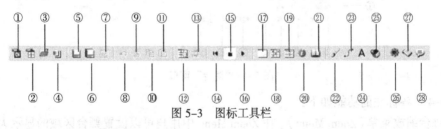

图 5-3　图标工具栏

图 5-3 中各工具按钮的功能如下：

① 新增电影（New Movie）。 　② 新增演员（New Cast）。
③ 打开文件（Open）。 　④ 导入文件（Import）。
⑤ 保存文件（Save）。 　⑥ 保存全部文件（Save All）。
⑦ 发布电影（Publish）。 　⑧ 撤销操作（Undo）。
⑨ 剪切（Cut）。 　⑩ 复制（Copy）。
⑪ 粘贴（Paste）。 　⑫ 搜寻演员（Find Cast Member）。
⑬ 置换演员（Exchange Cast Members）。 　⑭ 回转（Rewind）。
⑮ 暂停（Stop）。 　⑯ 播放（Play）。
⑰ 舞台窗口（Stage）。 　⑱ 演员表窗口（Cast Window）。

⑲ 剧本窗口（Score Window）。　　⑳ 属性检视器（Property Inspector）。

㉑ 行为程序库（Library Palette）。　　㉒ 绘图窗口（Paint Window）。

㉓ 矢量图编辑窗口（Vector Shape Window）。

㉔ 文字编辑窗口（Text Window）。

㉕ Shockwave 3D 窗口（Shockwave 3D Window）。

㉖ 行为程序检视器（Behavior Inspector）。

㉗ 脚本程序窗口（Script Window）。

㉘ 信息窗口（Message Window）。

三、Director 中的舞台简介

现实生活中，舞台是演员表演的地方。在 Director 里，舞台（Stage）同样是演员们（Cast members）表演的地方。通过单击工具栏的"舞台窗口（Stage）"按钮，可以打开或关闭"舞台"窗口。Director 中的"舞台"窗口如图 5-4 所示。

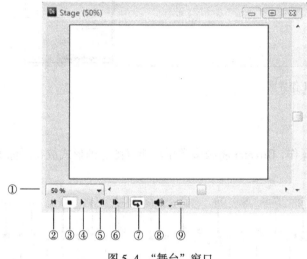

图 5-4 "舞台"窗口

图 5-4 中各标注的功能如下：

① 舞台缩放菜单（Zoom Menu）。在 Zoom Menu 中用户可以设置舞台区域的显示大小比例。

② 回转（Rewind）。当电影正在播放时，单击此按钮可使剧本中的播放头回到第一帧。

③ 暂停（Stop）。当电影正在播放时，单击此按钮可使剧本中的播放头停止在当前帧。

④ 播放（Play）。单击此按钮可以播放电影。

⑤ 向后跳转（Step Backward）。在电影的编辑环境中，当剧本中加入了标记，单击此按钮会跳转到剧本中的上一个帧标记。

⑥ 向前跳转（Step Forward）。在电影的编辑环境中，当剧本中加入了标记，单击此按钮会跳转到剧本中的下一个帧标记。

⑦ 循环播放（Loop Playback）。此按钮可以在循环播放与非循环播放之间切换。

⑧ 音量控制（Volume）。单击此按钮右下角的下拉按钮，在弹出的菜单中可以对音量进行选择，从 Mute（0）（静音）、Soft（小声）、Medium（中声）到 Loud（大声），共 8 个音

量级别，由小到大排列。

⑨　仅所选帧（Selected Frames Only）。此按钮的功能是仅播放剧本中所选中的帧。

四、演员与演员表

1. 演员

与传统电影一样，Director 电影也有演员。Director 中的演员是指多媒体元素，如位图、声音、数字视频、文本等。这些多媒体元素通常存储在演员表中，在演员表窗口中可以查看 Director 电影的演员，可以这样形象的比喻，演员表窗口是演员等待舞台命令的后台区域。与传统电影不同的是，Director 电影中的同一个演员可以同时出现在舞台上的不同位置，这有点类似于 Flash 中的元件实例的概念，该特性使 Director 电影可以重复使用各种多媒体素材，从而节省存储空间和下载时间。

Director 可以将多种类型的多媒体素材作为演员，支持的主要类型如下：

（1）文本文件：TXT、RTF、HTML、ASCII、Lingo。

（2）图像文件：BMP、GIF、JPEG、LRG（xRes）、PSD、MacPaint、PNG、TIFF、PICT、TGA。

（3）系列图像文件：FLC、FLI。

（4）调色板文件：PAL、Photoshop CLUT（颜色查找表）。

（5）声音文件：WAV、AIFF、MP3、SWA、Sun AU（未压缩）、IMA（压缩）。

（6）视频文件：AVI、QuickTime、RealMedia、Windows Media、DVD。

（7）动画和多媒体文件：Flash、GIF、PowerPoint、Director 影片、Director 外部演员表。

除了可以将上述各种类型的文件导入 Director 内作为演员外，还可以用 Director 内部的位图编辑工具、矢量图编辑工具、文本编辑工具来创建演员。

在 Director 中，导入外部多媒体素材作为演员，有多种导入方式，现简述如下：

（1）标准方式：这是系统默认的导入方式，该方式将多媒体元素对应的文件导入并存储在电影中，成为电影文件的一部分。演员文件容量较大或数量较多时，不宜采取这种方式，否则将使影片文件和放映机文件容量过大，影响运行。

（2）链接方式：以这种方式引入演员，演员对应的文件并没有进入影片内部，并不是影片文件的组成部分，影片与演员之间只是建立了一种链接关系，即把演员文件的文件名和文件路径存储在影片中，播放影片时，按照链接关系，调用影片外部的演员文件，因此采用这种演员导入方式的电影文件相对较小，但要注意演员文件导入后不能再变更存储路径，否则播放影片时将找不到对应的演员文件。

（3）备份方式：这种方式与链接方式的区别在于：引入外部演员时，Director 会为其建立一个备份，当用外部编辑器编辑演员时，只改变备份的内容，不改变演员的原始文件。

（4）PICT 方式：采用这种方式导入 PICT 类型文件，可以保持文件的原有类型。否则，导入后将转换为 Bitmap 类型。

2. 演员表

与传统电影一样，Director 也有一个演员表。演员表是演员的集合，其中可以包含多个演员，也可以只有一个演员。新建影片时，Director 自动创建一个名为 Internal Cast 的演员表，也可以根据需要创建更多的演员表。按照不同的内容或不同的类型，将演员组织在不同的演员表中，有利于演员的管理和使用，为编辑影片提供了方便，这就像在 Windows 中将各种不同的文件放在不同的文件夹中一样。

可以通过单击工具栏中的"演员表窗口（Cast Window）"按钮来打开或关闭演员表窗口，Director 中的演员表窗口如图 5-5 所示。

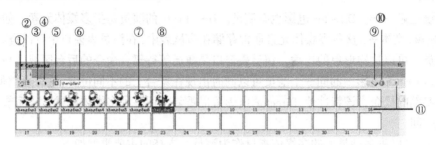

图 5-5　按缩略图方式显示的演员表窗口

演员表窗口是组织和管理多媒体元素、程序及特殊效果元素的窗口，这些多媒体元素、程序及特殊效果等内容在演员表中体现为演员。每个电影至少有一个 Internal Cast，演员表显示的方式有列表方式和缩略图方式两种，图 5-5 即是按缩略图方式显示的演员表窗口。图 5-5 中各主要标注的功能简介如下：

① 演员表选择（Choose Cast）按钮。用户如果有多个演员表或要新建一个演员表，则单击该按钮，从弹出的菜单中选择 Internal（内部演员表）或 New Cast（新增演员表）命令来显示内部演员表或新增一个演员表。

② 演员显示方式（Cast View Style）按钮。单击此按钮可以在演员表的列表显示方式与缩略图显示方式之间切换。

③ 前一个演员（Previous Cast Member）按钮。单击此按钮可以选中当前已选中演员的前一个演员对象。

④ 后一个演员（Next Cast Member）按钮。单击此按钮可以选中当前已选中演员的后一个演员对象。

⑤ 拖放演员（Drag Cast Member）按钮。在该按钮上按住鼠标左键，并移动到目标位置松开鼠标左键，会把当前选中的剧组成员拖放到该位置。

⑥ 演员名称（Cast Member Name）文本框。该文本框中显示选中的演员的名称，亦可再次更改选中的演员的名称。

⑦ 演员缩略图。对于图片演员，显示为该图片的缩略图，对于其他类型演员则会显示为特定图标。

⑧ 演员的名称。

⑨ 演员脚本（Cast Member Script）按钮。只有选中一个多媒体演员，才能单击此按钮显示或新建选中演员的脚本程序。

⑩ 演员属性（Cast Member Properties）。单击此按钮可显示选中演员的属性面板，在演员的属性面板中可以查看或编辑被选中演员的属性。

⑪ 演员序号（Cast Member Number）。当前选中的演员在演员表中的位置序号在图 5-5 右

上角框内。

五、Score 剧本窗口

同传统的电影一样，一个 Director 电影除了演员、导演（创作者自己）外，还需要一个合适的剧本，因为只有有了剧本，演员才知道什么时候出现在舞台上、要做什么事以及什么时候下台。可以说，剧本是整部电影的核心。

剧本是由通道组成的，通道是指剧本窗口中横向的长条，而长条里的每一小格代表一帧。剧本窗口如图 5-6 所示。

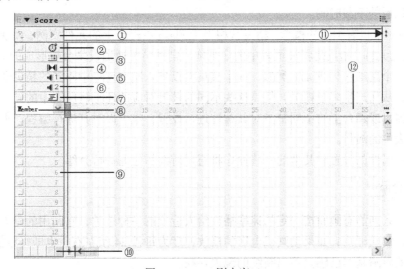

图 5-6　Score 剧本窗口

图 5-6 中各标注的作用简介如下：

① 标记通道。单击通道中任何位置可以建立标记（Marker），然后利用左边的标记菜单按钮可以使播放头切换到任一标记位置。

② 速度通道。用来调整电影的播放速度，它决定了电影每秒播放多少帧。速度通道还可以使电影暂停，直到单击或键盘上的按键被按下或视频和声音播放结束。

③ 调色板通道。用来设置电影中可用的颜色。

④ 过度通道。用于设置屏幕的过渡效果，如覆盖或分解等。

⑤，⑥ 声音通道。可以使用两个声音通道为电影添加音乐、声效等。

⑦ 行为通道。提供放置行为脚本（Behavior）或程序（Lingo 或 JavaScript）的通道。

⑧ Sprite 标记显示。演员在剧本中的标记，可以用演员编号（Number）或位置（Location）等方式来显示。

⑨ 精灵（Sprite）通道。以编号或名称的方式来管理演员图层的通道，放置所有可视的演员对象。编号越大的通道，显示在舞台的越上层。要替 Sprite 命名，在该 Sprite 号码上面双击，然后输入名称即可。

⑩ 精灵（Sprite）色彩管理。用颜色来管理剧本中的演员，一共有 6 种颜色可以设置。

⑪ 时间轴。在时间轴上单击任何一帧，舞台就会马上显示该帧的画面。用户可以利用时间轴右边的显示比例按钮（Zoom Menu）来变换帧的显示大小。

⑫ 显示/隐藏特效通道（特效通道是指②、③、④、⑤、⑥、⑦通道）。

六、精灵

在 Flash 中，库中的元件进入舞台后就成为此元件所对应的实例，可以对舞台上的实例进行属性设置，可以用编程语句对它进行控制，对舞台上实例所做的这些改变都不会影响到库中的元件，一个库中的元件能以多个实例的形式出现在舞台上，换句话说，舞台上多个不同的实例可以对应库中的同一个元件，Flash 采用这种元件和实例的思想，其根本目的是在动画制作过程中重复使用库中的元件，从而减小文件的容量，进而减小 Flash 动画文件的存储空间以及发布到网络上以后的下载时间。

在 Director 中也有类似的概念。精灵就相当于 Flash 中舞台上的元件实例，而演员则相当于 Flash 中库里的元件。精灵是将演员表中的演员拖入剧本精灵通道或舞台后形成的对象，可以认为是演员的一个副本，与 Flash 类似，一个演员可以进入剧本窗口中不同的精灵通道内或多次进入舞台中，从而产生多个精灵，但是这些不同的精灵对应的还是演员表中的同一个演员。可以选中剧本窗口或舞台上的不同精灵对其属性进行设置，也可以对其进行编程，但这些都不会影响到演员表中的演员。

有关精灵属性的设置和其他的一些操作将通过后续的任务进行介绍。

项目实现

动画是一系列静态画面按一定的速率播放给人造成的一种感觉，它利用的是人眼的"视觉残留"特性。实验证明，如果动画或电影的播放速度为每秒 24 帧左右，也即每秒播放 24 帧画面，则人类的眼睛基本已感觉不出断续的现象存在。

在计算机还未应用于多媒体的时代，动画中的每一幅画面都是靠人工绘制的，光靠人工来完成一件动画作品是既辛苦又耗时的工作。随着计算机软硬件的发展，计算机被应用到多媒体领域，使得动画的制作效率及观赏效果都得到了大幅度的提升，学习利用计算机来进行动画的制作是十分重要的。因此，本节主要介绍怎样利用 Director 来进行基本动画的制作。

任务 1 帧连帧动画效果——盛开的梅花

目的：制作逐帧动画。

要点：了解逐帧动画的原理和制作方法。

这是一种原理最简单的动画，其制作手法也比较古老。在计算机还没有应用于多媒体的时代，人们就是利用这种最简单的原理来制作动画的。在计算机应用于多媒体领域后，这种既简单又古老的动画作为最基本的动画依然存在，其制作原理也没有发生太大变化。

帧连帧动画的制作原理是在很多不同的关键帧中分解动画，在很多不同的关键帧中设置不同的画面，连续播放从而形成动画。

由于帧连帧动画的帧序列内容不一样，因此不仅增加了制作负担而且最终输出的文件也很大，但它也有很明显的优势，比如，因为它与电影播放模式相似，因此很适合于表演细腻的动画，如人物或动物的急剧转身等。

本任务主要是通过将梅花盛开过程中的每一帧画面通过帧连帧连接起来，制作成一个连续的花朵盛开的动画效果，最终效果如图 5-7 所示。

图 5-7 "盛开的梅花"最终效果

步骤 1 执行 File→New→Movie 命令，创建一个新的 Director 电影。

步骤 2 执行 Window→PanelSets→Default 命令，切换到默认的 Director 工作环境，如图 5-8 所示。

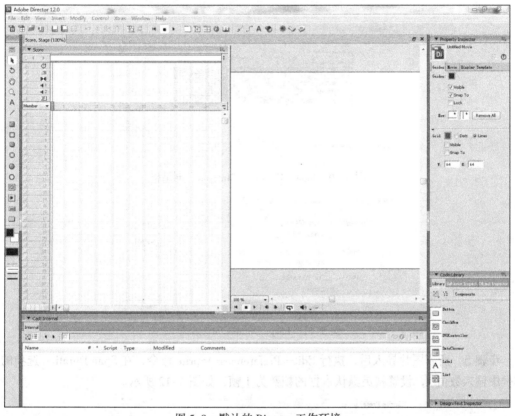

图 5-8 默认的 Director 工作环境

步骤 3 执行 Modify→Movie→Properties 命令，打开属性面板中的 Movie 选项卡，在 Stage Size 的文本框中分别输入舞台的宽、高值，设置舞台大小为 150×150，如图 5-9 所示。

步骤4 执行 File→Import 命令，打开 Import Files into "Internal" 对话框，选中"素材"文件夹中的梅花 1.png ~ 梅花 5.png 共 5 张图片，单击 Add 按钮，将它们添加到文件导入列表中，如图 5-10 所示，然后，单击 Import 按钮，弹出 Image Options for 对话框，如图 5-11 所示，选中 Same Settings for Remaining Images 复选框，单击 OK 按钮，将素材图片导入 Director 中。

图 5-9 设置舞台属性

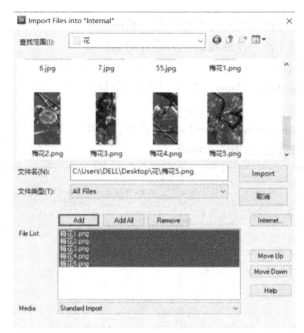

图 5-10　Import Files into "Internal" 对话框

图 5-11　Image Options for 对话框

步骤 5　所有图片导入后，执行 Edit→Preferences→Sprite 命令，在 Span Duration 选项的文本框中输入数值 1，设置精灵默认占据的帧数为 1 帧，如图 5-12 所示。

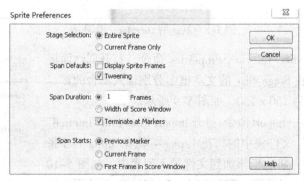

图 5-12　设置精灵默认占据的帧数

步骤 6　将演员表窗口中的梅花 1 ～ 梅花 5 演员分别拖入剧本精灵通道 1 的第 1 帧~第 5 帧，此时，剧本窗口如图 5-13 所示。

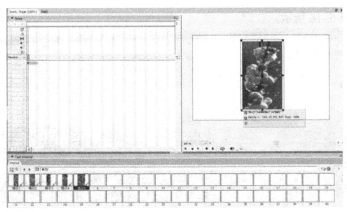

图 5-13　设置好的剧本窗口

步骤 7　双击剧本窗口中脚本通道的第 5 帧，打开帧脚本编辑窗口，输入代码 go to frame 1，使得影片发布后可以循环播放，如图 5-14 所示。

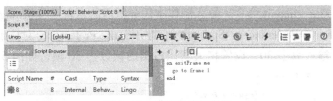

图 5-14　帧脚本编辑窗口

步骤 8　执行 Window→Control Panel 命令，打开控制面板窗口，设置电影的播放速度为 6 帧/秒，如图 5-15 所示。

图 5-15　设置电影播放速度

步骤 9　执行 Control→Play 命令播放影片，舞台上的梅花就开始摇曳起来了，效果如图 5-7 所示。

步骤 10　执行 File→Save As 命令，保存刚刚制作的 Director 电影。

任务 2　关键帧动画效果——飞机

目的：制作关键帧动画。

要点：了解关键帧动画的原理和制作方法。

关键帧动画是在帧连帧动画基础上发展起来的，是计算机技术应用于多媒体领域后的产物。关键帧动画是利用计算机技术制作的动画中最常见的一种，理解了关键帧动画的原理，就不难理解其他更复杂的动画制作原理了。

关键帧动画与帧连帧动画不同的是，它不需要制作出很多的关键帧，只需制作出很少数量的关键帧中的画面，而关键帧之间的一般帧中的画面则由计算机自动产生。

本任务主要是通过使用关键帧技术来实现飞机逐渐从近处飞向远处并逐渐变模糊的效果，

关键帧动画

任务最终效果如图 5-16 所示。

图 5-16　"飞机"任务最终效果

步骤 1　执行 File→New→Movie 命令，新建一个 Director 电影。

步骤 2　执行 File→Import 命令，导入制作本任务所需的素材 "飞机.png" "山峰.jpg"。

步骤 3　执行 Edit→Preferences→Sprite 命令，打开 Sprite Preferences 对话框，在 Span Duration 选项后的文本框中输入数字 30，设置精灵默认占据的帧数为 30 帧，如图 5-17 所示。

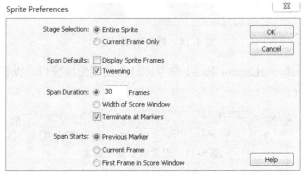

图 5-17　设置精灵默认占据的帧数

步骤 4　在舞台处于打开状态的情况下，执行 Modify→Movie→Properties 命令，打开属性面板中的 Movie 选项卡，在 Stage Size 选项后的文本框中分别输入数字 640 和 260，设置舞台大小为 640×260。

步骤 5　将演员表窗口中的"山峰"演员拖入剧本窗口的精灵通道 1 中，然后选中舞台窗口中的"山峰"演员精灵，执行 Modify→Sprite→Properties 命令，打开属性面板中的 Sprite 选项卡，在 Sprite 选项卡的 W、H 后的文本框中设置舞台上"山峰"精灵的大小为 640×260，使之与舞台大小完全一致，在 X、Y 后的文本框中设定其在舞台上的位置为 320×130，使之与舞台完全重合，设定好的 Sprite 选项卡如图 5-18 所示。

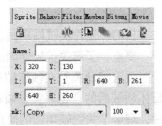

图 5-18　在 Sprite 选项卡中设定 "山峰"精灵的相关参数

步骤 6　将演员表窗口中的"飞机"演员拖入剧本窗口的精灵通道 2 中，调整"飞机"精灵在舞台上的位置，使之位于舞台的右下部，此时的舞台与剧本窗口如图 5-19 所示。

图 5-19　拖入"山峰"与"飞机"演员并调整位置

步骤 7　右击剧本窗口精灵通道 2 的第 30 帧，在弹出的快捷菜单中选择 Insert Keyframe 命令，在剧本窗口的精灵通道 2 的第 30 帧插入关键帧，并在选中该帧的情况下，调整舞台中"飞机"精灵的位置，使之位于舞台的左上部，并适当缩小"飞机"精灵的大小，此时的舞台与剧本窗口如图 5-20 所示。

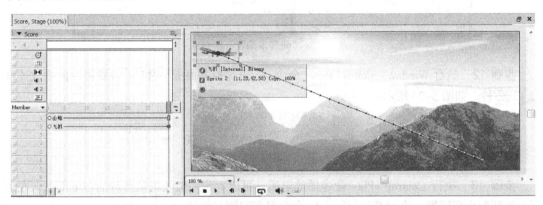

图 5-20　插入关键帧并调整此帧所对应舞台精灵的位置与大小

步骤 8　选中剧本精灵通道 2 中的所有精灵帧，执行 Edit→Edit Sprite Frames 命令，从而使精灵帧序列中的各个帧相互分离，能够单独被选中编辑（此步很重要，否则无法单独编辑剧本精灵通道 2 中的精灵）。

步骤 9　选中精灵通道 2 中第 30 帧所对应的舞台上的"飞机"精灵（在舞台左上部），在 Sprite 选项卡的 Ink 选项后的混合度下拉列表中选择 20%，使舞台左上部的"飞机"精灵适当变模糊，Sprite 选项卡的设置如图 5-21 所示，此时的舞台和剧本窗口如图 5-22 所示。

图 5-21　设置 Sprite 选项卡，使舞台左上部的飞机变模糊

步骤 10　选中剧本精灵通道 2 中的所有帧，执行 Edit→Edit Entire Sprite 命令，使通道 2 中的所有帧组成一个整体。

步骤 11　双击剧本窗口中脚本通道的第 30 帧，在弹出的帧脚本编辑窗口中，输入代码 go to frame 1，使得影片发布后可以循环播放，帧脚本编辑窗口如图 5-23 所示。

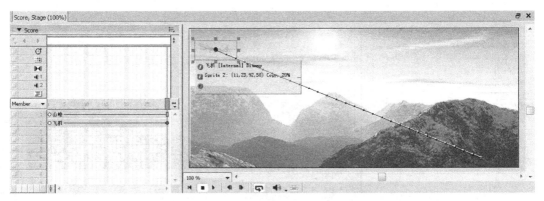

图 5-22　设置完精灵通道 2 第 30 帧所对应舞台精灵后的舞台和剧本窗口

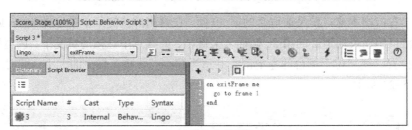

图 5-23　"帧脚本编辑"窗口

步骤 12　执行 Window→Control Panel 命令，打开"控制面板"窗口，设置影片的播放速度为 12 帧/秒，如图 5-24 所示。

图 5-24　设置影片播放速度

步骤 13　执行 Control→Play 命令播放电影，可以看到一架飞机从舞台的右下部飞向左上部并逐渐变小变模糊。执行 File→Save As 命令保存刚刚制作的 Director 电影。

任务 3　高级帧动画效果——行走的狗和公鸡走路

目的：制作高级帧动画。

要点：了解高级帧动画的原理和制作方法。

高级帧连帧动画与帧连帧动画在原理上是一样的，只是制作技术有了很大的提高。帧连帧动画在制作过程中是比较烦琐的，为了克服这个问题，Director 在帧连帧动画的制作手段上做了很大改进，于是产生了高级帧连帧动画。高级帧连帧动画根据制作过程的不同又分为两种：

1. Cast to Time 演员表到时间序动画

在制作帧连帧动画的时候，每一帧中的画面通常都是把演员从演员表拖入舞台，然后再调整位置来确定的，当需要制作的帧很多时，这样的制作方法是非常费事的。如果使用 Cast to Time 技术来制作帧连帧动画，则可以很好地克服这一缺点。Cast to Time 技术可以将一系列的演员一次性从演员表移动到舞台中（或者说一次性移动到剧本精灵通道的多个连续帧中），这对于演员数量比较多的情形是十分快捷有效的。如果动画中的多个画面在舞台上出现的位置相同，只是内容不同，则可以使用 Cast to Time 技术来大幅度提高制作效率。

2. Space to Time 空间转时间序动画

在确定帧连帧动画的每一帧中的画面的位置时，有时需要参照其他帧中的画面位置，以便对画面在舞台上的位置进行总体把握，这用传统的帧连帧制作技术是无法实现的，这时就需要用到 Space to Time 技术。所谓 Space to Time 技术，即空间转时间序技术，是指首先在不同通道的同一帧中分别放入所需画面，这时不同通道中的所有画面均显示在舞台上，这样就可以相互参照着进行调整和设置了，然后再将这些设置好的画面转换到同一通道的不同帧中，这样就实现了不同帧中的画面需要相互参照才能制作完成的帧连帧动画。

子任务（1）　行走的狗

本任务主要是通过使用 Cast to Time 从演员表到时间动画技术，制作一条狗行走的动画。任务效果如图 5-25 所示。

步骤 1　执行 File→New→Movie 命令，创建一个新的 Director 电影。执行 Modify→Movie→Properties 命令，打开属性面板中的 Movie 选项卡，使用 Stage Size 选项中的文本框，设置舞台大小为 200×150。

步骤 2　执行 File→Import 命令，在打开的 Import Files into "Internal" 对话框中选中"狗"文件夹中的图片素材，将它们导入 Director 中，导入图片素材后的演员表窗口如图 5-26 所示。

图 5-25　"行走的狗"任务效果

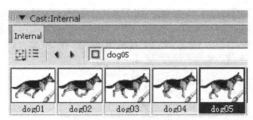

图 5-26　导入的 5 张图

步骤 3　图片导入后，执行 Edit→Preferences→Sprite 命令，在 Span Duration 选项的文本框中输入数值 1，从而设置精灵默认占据的帧数为 1 帧，如图 5-27 所示。

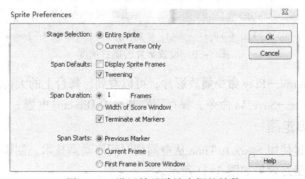

图 5-27　设置精灵默认占据的帧数

步骤 4　执行 Control→Rewind 命令，移动播放头到剧本窗口的第 1 帧。

步骤 5 在 Cast（演员表）窗口中选中所有的演员，然后在 Score（剧本）窗口的第 1 帧单击，执行 Modify→Cast to Time 命令，由此就完成了从演员表到时间序动画的制作。此时的"剧本"窗口如图 5-28 所示，精灵所占据的帧数为 5，与所使用的演员数目相同。

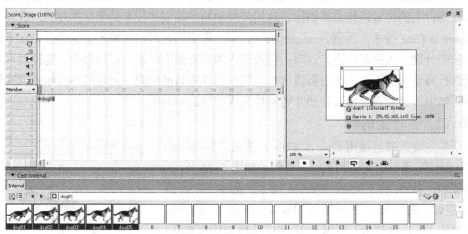

图 5-28 选中 5 个图片演员和创建好动画后的剧本窗口

步骤 6 在剧本窗口中，选中精灵序列中所有的帧，打开属性面板中的 Sprite 选项卡，设置精灵的墨水效果为 Background Transparent。

步骤 7 双击剧本窗口中脚本通道的第 5 帧，打开帧脚本编辑窗口，在其中输入代码 go to frame 1，使得影片发布后可以循环播放，如图 5-29 所示。

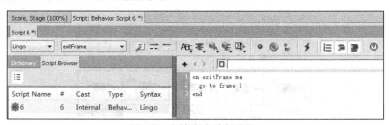

图 5-29 帧脚本编辑窗口

步骤 8 执行 Window→Control Panel 命令，打开控制面板窗口，设置影片的播放速度为 12 帧/秒，如图 5-30 所示。

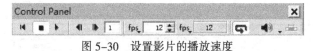

图 5-30 设置影片的播放速度

步骤 9 执行 Control→Play 命令播放影片，可以看到，舞台上的大黄狗开始走了起来。

步骤 10 执行 File→Save As 命令，保存刚刚制作的 Director 电影。

子任务（2） 公鸡走路

本任务主要是通过使用 Space to Time 从空间到时间序动画技术，制作公鸡走路的连续动画效果。公鸡走路动画最终效果如图 5-31 所示。

步骤 1 执行 File→New→Movie 命令,新建一个 Director 电影。执行 Modify→Movie→Properties 命令,打开属性面板中的 Movie 选项卡,使用 Stage Size 选项中的文本框,设置舞台大小为 320×240。

步骤 2 执行 File→Import 命令,在弹出的 Import Files into "Internal" 对话框中选中"公鸡"文件夹中的 cock01.gif~cock12.gif 共 12 张素材图片,单击 Add 按钮将它们添加到文件导入列表中,如图 5-32 所示。单击 Import

图 5-31 "公鸡走路"动画播放效果

钮,弹出 Select Format 对话框,如图 5-33 所示,在 Select Format 对话框中选择 Bitmap Image 选项,将 GIF 图片作为位图演员导入,而不是作为 GIF 动画(Animated GIF)导入,然后选中 Same Format for Remaining Files 复选框,最后单击 OK 按钮,将素材图片导入 Director 中。

高级帧动画效果

图 5-32 Import Files into "Internal" 对话框

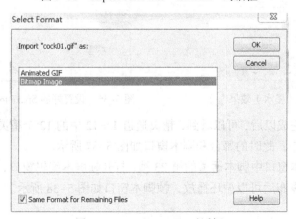

图 5-33 Select Format 对话框

步骤 3 执行 Edit→Peferences→Sprite 命令，打开 Sprite Preferences 对话框，设置精灵默认占据的帧数为 1 帧。

步骤 4 打开剧本窗口，分别将 cock01~cock12 演员拖动到剧本窗口的精灵通道 1~12 的第 1 帧，并在舞台上大致排列好各个精灵的位置（cock01 在最右边），如图 5-34 所示，它们所对应的演员从左至右依次为 cock012~cock01。

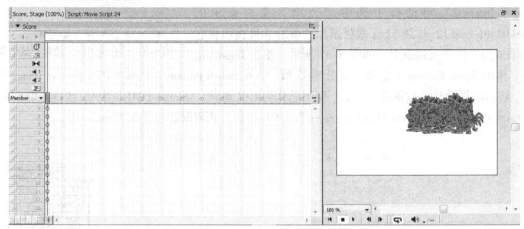

图 5-34 排列好精灵大致位置后的舞台及剧本窗口

步骤 5 用鼠标框选舞台上的全部精灵（只有选中舞台上的精灵才可以修改精灵的 Ink（墨水）效果，全部选中的目的可以使修改工作一次性完成，而且不会因分次选中造成精灵位置的移动），然后打开 Sprite 选项卡，在 Ink 下拉列表中选择 Background Transparent 选项，去掉精灵的白色背景，Sprite 选项卡的设置如图 5-35 所示。

步骤 6 选中剧本窗口精灵通道 1～12 中的 12 个精灵，选择 Modify→Space to Time 命令，打开 Space to Time 对话框，设置各个精灵间隔的帧数为 2 帧，如图 5-36 所示，单击 OK 按钮关闭 Space to Time 对话框。

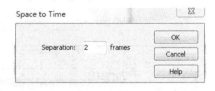

图 5-35 选择 Ink（墨水）效果　　　　图 5-36 设置好的 Space to Time 对话框

步骤 7 步骤 6 完成以后，可以看到，精灵通道 1～12 中的 12 个精灵现在依次排列在精灵通道 1 的第 1～23 帧中，此时的舞台和剧本窗口如图 5-37 所示。

步骤 8 双击剧本窗口中脚本通道的第 23 帧，打开帧脚本编辑窗口，在其中输入代码 go to frame 1，使得影片在发布后可以循环播放，帧脚本窗口如图 5-38 所示。

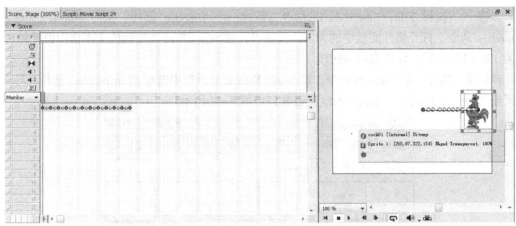

图 5-37　步骤 6 完成以后的舞台与剧本窗口

图 5-38　帧脚本编辑窗口

步骤 9　执行 Window→Control Panel 命令，打开控制面板窗口，设置影片的播放速度为 24 帧/秒，如图 5-39 所示。

图 5-39　设置影片的播放速度

步骤 10　执行 Control→Play 命令播放影片，可以看到一只公鸡正在舞台上昂首挺胸地走路，看起来十分骄傲，令人忍俊不禁，如图 5-31 所示。

步骤 11　执行 File→Save As 命令保存刚刚制作的影片。

任务 4　交换演员动画效果——美丽的天使

目的：制作交换演员动画。

要点：了解交换演员动画的原理和制作方法。

交换演员动画并不是一种新的动画类型，而是一种制作帧连帧动画的方法，通过这种方法制作出来的动画还是帧连帧动画。利用交换演员动画技术可以在原有帧连帧动画的基础上快速地制作出新的动画，新动画与原有动画的区别就是动画中的演员不同了，但新动画中的精灵的各种行为都与原有动画中的精灵的行为一样。

本任务主要通过使用交换演员动画技术来制作天使在空中飞翔的动画效果。本任务最终效果如图 5-40 所示。

图 5-40　"美丽的天使"最终效果

步骤 1 执行 File→New→Movie 命令，新建一个 Director 影片。执行 Modify→Movie→Properties 命令，打开属性面板中的 Movie 选项卡，在 Stage Size 选项后的文本框中设置舞台大小为 150×150，舞台背景为#3399CC。

步骤 2 执行 File→Import 命令，在 Select Format 对话框中选择 Bitmap Image 选项，导入 6 张天使飞翔的 GIF 图片，完成后的演员表窗口如图 5-41 所示。

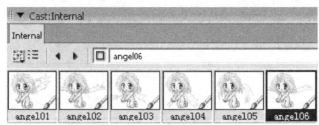

图 5-41 导入图片后的演员表窗口

步骤 3 执行 Edit→Preferences→Sprite 命令，打开 Sprite Preferences 对话框，设置精灵默认占据的帧数为 6 帧，如图 5-42 所示。

图 5-42 设置精灵默认占据的帧数

步骤 4 移动播放头到剧本窗口的第一帧，从演员表窗口中拖动演员 angel01 到精灵通道 1 中，在选中通道 1 中精灵的情况下，执行 Edit→Edit Sprite Frames 命令，使通道 1 中精灵的各个帧相互分离，以便能够被单独选中进行编辑，此时的剧本窗口如图 5-43 所示。

步骤 5 选中剧本窗口中精灵帧序列的第 2 帧，再选中演员表窗口中的第 2 个演员 angel02，执行 Edit→Exchange Cast Members 命令，此时，第 2 帧中舞台上的精灵已经由 angel01 变成了 angel02，如图 5-44 所示。

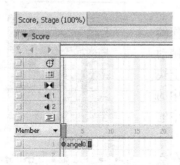

图 5-43 分离精灵帧后的剧本窗口

图 5-44 第 2 帧中的舞台画面

步骤 6　使用与步骤 5 相同的方法，交换其他各帧中的演员。在完成所有帧中演员的交换之后，第 3 帧中精灵对应的演员为 angel03，第 4 帧中精灵对应的演员为 angel04，其他各帧中精灵对应的演员依此类推。

步骤 7　在剧本窗口中，选中精灵通道 1 中所有的帧，执行 Edit→Edit Entire Sprite 命令，使精灵帧序列中所有的帧组成一个整体，此时的剧本窗口如图 5-45 所示。

步骤 8　选中舞台中的所有精灵，执行 Modify→Sprite→Properties 命令打开 Sprite 选项卡，在 Sprite 选项卡的 Ink 下拉列表中选择 Matte 选项，去除精灵周围的白色背景，但保留了精灵内部的白色像素(Matte 选项同 Background Transparent 选项是有很大区别的, Background Transparent 选项会去除精灵几乎所有的白色像素，不论是精灵周围的还是内部的)，Sprite 选项卡的设置如图 5-46 所示。

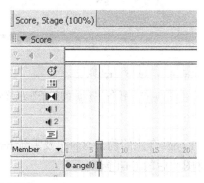

图 5-45　将所有的帧组成一个整体后的剧本窗口　　　图 5-46　Sprite 选项卡中的设置

步骤 9　双击剧本窗口中脚本通道的第 6 帧,在弹出的帧脚本编辑窗口中输入 go to frame 1,使得影片发布后可以循环播放，如图 5-47 所示。

步骤 10　执行 Window→Control Panel 命令，打开控制面板窗口，设置动画的播放速度为 12 帧/秒，如图 5-48 所示。

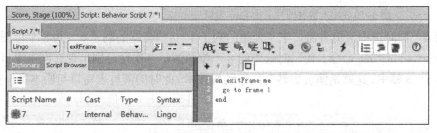

图 5-47　帧脚本编辑窗口

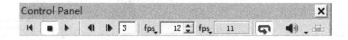

图 5-48　设置动画的播放速度

步骤 11　执行 Control→Play 命令对电影进行播放，可以看到舞台上的天使正在展翅飞舞。执行 File→Save As 命令保存所创建的 Director 电影。

任务 5　胶片环动画效果——奔跑的豹子

目的：制作胶片环动画。

要点：了解胶片环动画的原理和制作方法。

胶片环动画中含有胶片环演员。胶片环演员是一个动画片段，有点类似于 Flash 中的"影片剪辑"元件。利用胶片环技术制作的动画可以有效减少剧本精灵通道的数量。

本任务主要利用胶片环动画技术制作豹子奔跑的效果，任务最终效果如图 5-49 所示。

步骤 1　执行 File→New→Movie 命令，新建一个 Director 影片。执行 Modify→Movie→Properties 命令，打开属性面板中的 Movie 选项卡，使用 Stage Size 选项后的文本框，设置舞台大小为 320×240。

步骤 2　执行 Window→Panel Sets→Default 命令，将 Director 切换到默认的工作环境。

图 5-49　任务"奔跑的豹子"最终效果

步骤 3　执行 File→Import 命令，将奔跑的豹子 1.png~奔跑的豹子 8.png 及雪景.bmp 共 9 张素材图片导入 Director 中。图 5-50 所示为导入素材图片后的 Cast 窗口。

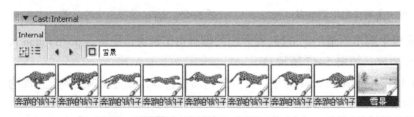

图 5-50　导入素材图片后的 Cast 窗口

步骤 4　同时选中演员表窗口中"奔跑的豹子 1"~"奔跑的豹子 8"共 8 个位图演员，执行 Modify→Cast to Time 命令，使同时选中的 8 个位图演员一次性分别出现在剧本窗口的精灵通道 1 的第 1~8 帧中，这就是演员表转时间序动画技术，此时的演员表窗口与剧本窗口如图 5-51 所示。

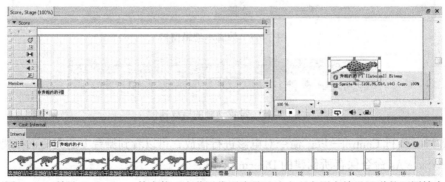

图 5-51　利用 Cast to Time 技术使 8 个豹子位图演员迅速出现在剧本精灵通道的不同帧中

步骤 5　在这一步中,我们要建立一个胶片环演员:同时选中剧本窗口精灵通道 1 的第 1~8帧,右击选中的帧,在弹出的快捷菜单中选择 Cut Sprites 命令,如图 5-52 所示,剪切精灵通道1 中所有选中的帧;然后,在演员表窗口中找到一个空白的演员位置,此处为位置 10,右击此空白位置,在弹出的快捷菜单中选择 Paste Sprites 命令,此时会弹出 Create Film Loop 对话框,如图 5-53 所示,在此对话框的 Name 文本框中输入胶片环演员的名称 running,单击 OK 按钮,从而就在此空白位置处创建了一个名为 running 的胶片环演员,此时的演员表窗口如图 5-54所示。

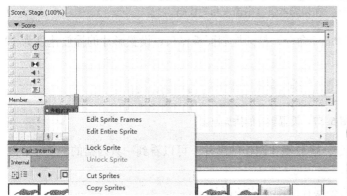

图 5-52　剪切选中的精灵帧　　　　图 5-53　建立循环影片对话框

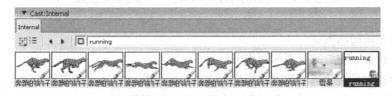

图 5-54　胶片环演员建立后的演员表窗口

步骤 6　以上步骤完成后,我们要开始真正制作豹子在雪野中奔跑的效果了。将"雪景"演员拖入剧本窗口的精灵通道 1 中,让其默认延续 30 帧(这是系统默认值,在本任务中较合适,此处就无必要修改了),再将胶片环演员 running 拖入剧本精灵通道 2 中并使其在舞台上处于适当位置,此时的舞台与剧本窗口如图 5-55 所示。

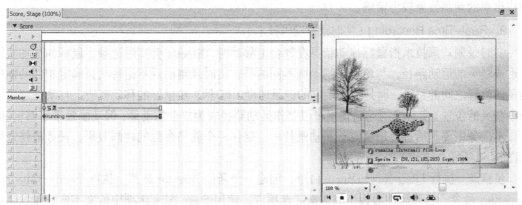

图 5-55　将"雪景"演员和 running 演员拖入剧本精灵通道中

步骤 7 双击剧本窗口中脚本通道的第 30 帧，打开帧脚本编辑窗口，在其中输入代码 go to frame 1，使得影片发布后可以循环播放，帧脚本窗口如图 5-56 所示。

图 5-56 在帧脚本窗口中输入相关代码

步骤 8 执行 Window→Control Panel 命令，打开控制面板窗口，设置影片的播放速度为 12 帧/秒，如图 5-57 所示。

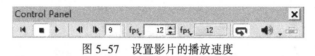

图 5-57 设置影片的播放速度

步骤 9 执行 Control→Play 命令，播放刚才制作的影片，可以看到一只凶猛的豹子正在雪野中狂奔，如图 5-49 所示。

步骤 10 执行 File→Save As 命令保存刚刚制作的影片。

任务 6 录制动画效果——奔驰的骏马

目的：制作录制动画。

要点：了解录制动画的原理和制作方法。

录制动画技术是指动画制作者根据鼠标在舞台上的拖移轨迹来确定精灵运动路径的动画制作技术。根据制作过程的不同，录制动画技术可以分为两种：Step Recording 单步录制动画技术和 Real-Time Recording 实时录制动画技术，现分别简述如下：

1. Step Recording（单步录制动画技术）

单步录制动画技术指记录前一帧精灵位置到后一帧精灵位置之间鼠标的移动路径，这样将所有相邻帧中的精灵位置之间的路径全记录下来之后，就形成了舞台上精灵的运动路径，由此制作出来的动画效果较为精确。

2. Real-Time Recording（实时录制动画技术）

实时录制动画技术指鼠标拖动精灵在舞台上移动时，Director 会实时记录下鼠标的移动轨迹并形成精灵的运动路径，与单步录制动画不同的是，实时录制动画不是每次只确定相邻两帧中精灵的位置之间的路径，而是根据设定的记录速度（帧/秒）在鼠标的移动轨迹上自动确定每一帧中精灵的位置。实时录制动画技术可以制作运动路径较为复杂的动画，但动画效果不够精确。

本任务主要是通过使用实时录制动画技术，制作一个骏马奔驰的动画效果，任务最终效果如图 5-58 所示。

步骤 1 执行 File→New→Movie 命令，创建一个新的 Director 影片。执行 Modify→Movie→Properties 命令，打开属性面板中的 Movie 选项卡，使用 Stage Size 选项中的文本框，设置舞台大小为 640 × 100。

步骤 2　执行 File→Import 命令，在打开的 Import Files into "Internal"对话框中选中 GIF 动画演员 runningHorse，单击 Import 按钮，在弹出的如图 5-59 所示的 Select Format 对话框中，选中 Animated GIF 选项，将它导入。这样，GIF 动画演员就会以 GIF 动画的形式导入，如果选择的是 Bitmap Image，则 GIF 动画演员会以静态位图的形式导入，而不是以 GIF 动画的形式导入。

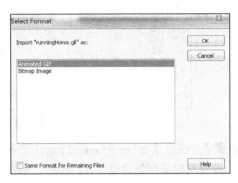

图 5-58　任务"奔驰的骏马"最终效果　　　　图 5-59　Select Format 对话框

步骤 3　执行 Edit→Preferences→Sprite 命令，打开 Sprite Preferences 对话框，设置精灵默认占据的帧数为 1 帧。

步骤 4　执行 Window→Score 命令，打开 Score（剧本）窗口，将播放头移动到剧本窗口的第 1 帧，从演员表中拖动 GIF 动画演员 runningHorse 到精灵通道 1 中的第 1 帧，并调整此时舞台上精灵的位置，使其位于舞台的左边，如图 5-60 所示。

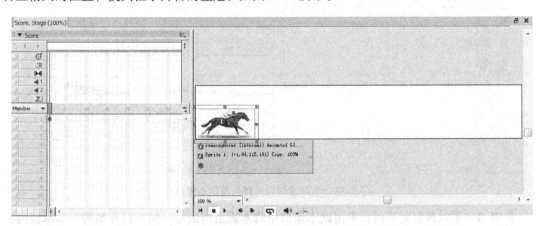

图 5-60　将 GIF 动画演员拖入精灵通道 1 的第 1 帧并调整其在舞台上的位置

步骤 5　单击选中舞台上的精灵，执行 Modify→Sprite→Properties 命令，打开属性面板的 Sprite 选项卡，在 Sprite 选项卡的 Ink 下拉列表中选择 Background Transparent 选项，去除精灵的白色背景。

步骤 6　选中剧本精灵通道 1 的第 1 帧，执行 Control→Real-Time Recording 命令，此时，舞台上的精灵状态发生了改变，同时，剧本窗口中精灵通道的左侧显示出了实时录制标记，此时的舞台和剧本窗口变化如图 5-61 所示。

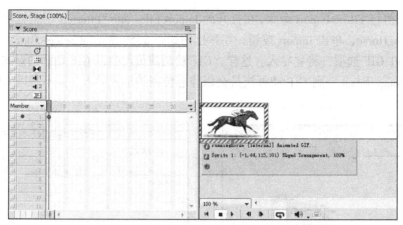

图 5-61　打开实时录制功能后的舞台与剧本窗口

步骤 7　执行 Window→Control Panel 命令，打开控制面板窗口，在 Tempo 文本框中输入数值 12，设置实时录制的速度为 12 帧/秒，如图 5-62 所示。

图 5-62　设定实时录制速度

步骤 8　在舞台上，选中精灵并按下鼠标左键将精灵以一定的速度拖至舞台右边，然后释放鼠标左键，此时的舞台和剧本窗口如图 5-63 所示。

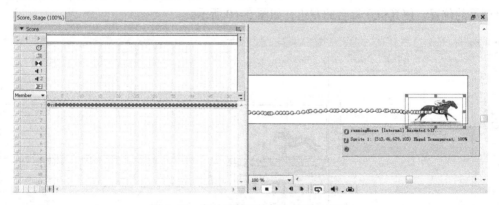

图 5-63　实时录制后的舞台与剧本窗口

步骤 9　实时录制完毕后，单击剧本窗口中脚本通道的最后一帧，打开帧脚本编辑窗口，在其中输入代码 go to frame 1，使得影片在发布后可以循环播放，帧脚本编辑窗口如图 5-64 所示。

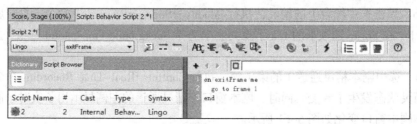

图 5-64　在帧脚本编辑窗口中输入代码

步骤 10　执行 Control→Play 命令，播放刚才制作的影片，可以看到一位骑士骑着一匹骏马从舞台的左边奔向舞台的右边，如图 5-58 所示。

步骤 11　执行 File→Save As 命令，保存刚刚制作的 Director 电影。

总结与提高

Director 是一种比较大众化的软件，几乎每个人都能在 Director 里找到自己所需要的。它直观的操作界面能够让新手很快制作出简单的动画效果，专业用户则可以使用它的强大功能创建几乎所能想到的一切。没有编程经验的用户可以通过 Director 的脚本语言（Lingo）给电影添加灵活的交互功能，而有编程经验的用户则可以通过 Lingo 实现一些专业效果，其功能一点也不比目前主流的程序设计语言差。

总而言之，Director 的功能比较强大，几乎可以制作出所能想象出来的一切东西。

习　题

一、选择题

1. 使用（　　）工具，可以在 Director 中制作传统的手工动画。
   A. 洋葱皮　　　　　　B. 控制面板　　　　　　C. Align　　　　　　D. Tweak
2. Director 电影发布为 Shockwave 电影时的电影文件扩展名为（　　）。
   A. DIR　　　　　　B. DCR　　　　　　C. DXR　　　　　　D. CXT
3. （　　）墨水效果是 Director 中默认的 Ink 效果。
   A. Copy　　　　　　　　　　　　　　B. Matte
   C. Background Transparent　　　　　D. Reverse
4. 高级帧连帧动画技术的原理类似于（　　）动画技术，它是为了克服后者动画制作过程烦琐的缺点而发展起来的一种技术。
   A. 关键帧　　　　　B. 相关粘贴　　　　　C. 帧连帧　　　　　D. 胶片环
5. 在 Director 中，录制动画制作技术根据制作过程和复杂程度的不同，可以分为两种：单步录制动画技术和实时录制动画技术，这两种动画制作技术的基本原理都是相同的，即都是由（　　）决定精灵在舞台上的运动轨迹。
   A. Director　　　　　B. 动画制作者　　　　　C. 精灵　　　　　D. 演员

二、实践操作题

使用相关粘贴技术制作动画，可以使粘贴后的精灵的起始帧与原先精灵的结束帧对齐。如果舞台上的动画序列需要延伸，则可以使用相关粘贴技术。使用该技术延伸动画序列后，播放时在粘贴处没有先中断后继续的抖动感觉。

参考步骤如下：

步骤 1　执行 File→New→Movie 命令，新建一个 Director 电影。

步骤 2　执行 Window→Panel Sets→Default 命令，切换到默认的 Director 工作环境，执行 Modify→Movie→Properties 命令，打开属性面板中的 Movie 选项卡，使用 Stage Size 选项后的

文本框将舞台大小修改为 700×300。

步骤 3 执行 File→Import 命令,在 Import Files into"Internal"对话框中选中 dinosaur01.gif~dinosaur12.gif 共 12 张素材图片,单击 Import 按钮将其导入。

步骤 4 执行 Edit→Preferences→Sprite 命令,打开 Sprite Preferences 对话框,设置精灵默认占据的帧数为 1。

步骤 5 将演员表中的演员 dinosaur01~dinosaur12 分别拖入剧本窗口的精灵通道 1~精灵通道 12 的第 1 帧中,并全部选中舞台上的 12 个精灵,打开属性面板中的 Sprite 选项卡,修改精灵的 Ink(墨水)效果为 Background Transparent。

步骤 6 将舞台上的精灵排列并对齐。

步骤 7 选中精灵通道 1~精灵通道 12 中的各个精灵,使用 Space to Time 技术制作出恐龙走路的动画片段。播放此动画片段,可以看到,恐龙仅仅在舞台上的部分区域走路,看起来极不协调,这时,就可以用相关粘贴动画技术使整个动画充满舞台。

步骤 8 选中精灵通道 1 中的动画片段(即选中所有的帧),右击,在弹出的快捷菜单中选择 Copy Sprites 命令。

步骤 9 在剧本窗口中,选中与动画片段最后一帧相邻的下一帧,此处选中的是第 13 帧,然后执行 Edit→Paste Special→Relative 命令,粘贴所复制的动画片段。

步骤 10 重复执行步骤 9,直至恐龙走路的动画片段充满整个舞台,此时的舞台与剧本窗口。

步骤 11 双击剧本窗口中脚本通道的最后一帧,弹出帧脚本编辑窗口,在其中输入代码 go to frame 1,使得影片发布后可以循环播放。

步骤 12 执行 Window→Control Panel 命令,打开控制面板窗口,在其中设置影片的播放速度为 12 帧/秒。

步骤 13 执行 File→Save As 命令,保存刚刚制作的影片。

三、视频操作训练

扫描二维码,制作小鸟变化视频。

小鸟视频

四、拓展训练

设计一个班会活动的影片。

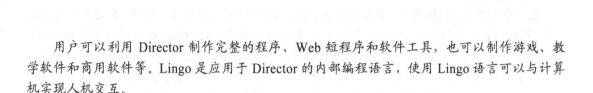

项目6 Director的Lingo语言基础知识

用户可以利用 Director 制作完整的程序、Web 短程序和软件工具，也可以制作游戏、教学软件和商用软件等。Lingo 是应用于 Director 的内部编程语言，使用 Lingo 语言可以与计算机实现人机交互。

项目提出

小米同学在学习了 Director 以后，收获很大，也创作了自己的作品。但对自己的作品不够满意。他希望自己的作品能够有更好的交互功能以及增强对各种多媒体元素的控制，从而制作出功能更加完善的多媒体作品和更好地实现自己的创作意图。他找到了教 Director 课程的程老师，并提出自己的想法：

（1）Director 能不能实现各种交互功能？

（2）能不能制作出一个画面精美、功能完善的作品？

（3）能不能增强对各种多媒体元素的控制，以更好地实现自己的创作意图？

项目分析

1. 脚本的基本功能

脚本是用特定的语言（Lingo 或 JavaScript）编写的一段程序，其主要用于实现 Director 强大的交互功能以及增强对各种多媒体元素的控制，从而制作出功能更加完善的多媒体作品和更好地实现作者的创作意图。

2. Lingo 语言的特点

1）语法简单

Lingo 语言中的许多关键字、命令、函数名称等基本就是代表其功能的英文单词、词组或它们的缩写，这使用户可以"顾名思义"，用户可以通过语句的字面含义了解语句的作用，Lingo 语言甚至不区分字母的大小写。除此之外，用 Lingo 语言编写的脚本程序，其结构也是非常简单的，没有什么特别难以掌握的特殊语法规定，非常符合人类的自然思维习惯。

2）功能非常强大

使用 Lingo 语言可以实现各种交互功能，创作出交互功能很强的多媒体作品，Lingo 语言和 Director 强大的多媒体整合功能相结合，可以用非常巧妙的思路、非常简洁而有效的代码实现其他语言难以实现的效果，因此，制作一个画面精美、功能完善的游戏不再是初学者难以想象的事情了，这一点在本节最后的综合实例中有充分的展现。

3. 脚本的类型及消息的传递顺序

1）脚本的类型

Director 中的脚本类型大致可以分为演员脚本、帧脚本、精灵脚本、电影脚本、父脚本几种类型。不同的脚本类型有不同的创建方法，其所对应的作用范围和对象也有很大的区别，这些将在后续创建不同类型的脚本中加以叙述。需要注意的是，除演员脚本外，其余所有类型的脚本都会以演员的形式出现在演员表窗口中，即在演员表窗口中占据一个演员位置。

2）消息传递顺序

当一个事件（如鼠标单击）发生的时候，Director 可以通过发出与事件相同名称的消息作出反应。例如，当用户释放鼠标左键时，发生的是 mouseUp 事件，那么 Director 就通过发出 mouseUp 消息作出反应。在 Director 中，事件消息的传递顺序依次为精灵脚本、演员脚本、帧脚本以及电影脚本，在这些脚本中，Director 将会依次寻找与消息名称相同的处理程序，一般情况下，Director 将会执行消息所遇到的第 1 个与之匹配的处理程序，然后，消息就会停止传递。但是，也有例外的情况，比如，一个精灵若带有多个脚本处理程序，在这种情况下，Director 将会逐一检查此精灵所带的所有脚本程序，并执行所有与消息匹配的处理程序，例如，某个精灵带有两个 on mouseUp 处理程序，则 Director 将会根据 mouseUp 事件消息找到这两个 on mouseUp 处理程序并执行它们。图 6-1 所示为 Director 中消息传递的流程图。

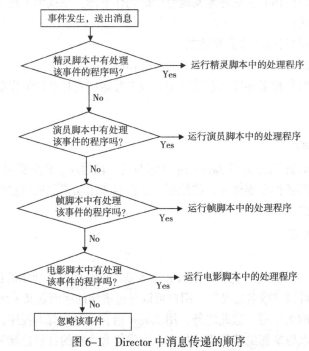

图 6-1 Director 中消息传递的顺序

相关知识点

一、脚本窗口简介

在 Director 中，脚本的编辑是在脚本窗口中进行的，执行 Window→Script 命令，可以打开电影脚本的编辑窗口，如图 6-2 所示，现以电影脚本编辑窗口为例进行介绍，其余类型脚本的编辑窗口与电影脚本编辑窗口类似，在此不一一进行介绍了。

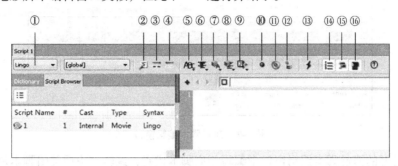

图 6-2 电影脚本编辑窗口

图 6-2 中各标注对应的按钮功能如下：

① Script Syntax，选择所使用的脚本语言类型，Lingo 或 JavaScript。

② Go to Handler，回到第一行。

③ Comment，增加批注标记。

④ Uncomment，移除批注标记。

⑤ Alphabetical Lingo，增加依字母排序的 Lingo 指令。

⑥ Categorized Lingo，增加依类别排序的 Lingo 指令。

⑦ Alphabetical 3D Lingo，增加依字母排序的 3D Lingo 指令。

⑧ Categorized 3D Lingo，增加依类别排序的 3D Lingo 指令。

⑨ Scripting Xtras，增加外挂 Xtras 指令。

⑩ Toggle Breakpoint，增加程序断点。

⑪ Ignore Breakpoint，略过程序断点。

⑫ Inspect Object，检查对象指令。

⑬ Recompile All Modified Scripts：返回所有修改过的指令。

⑭ Line Numbering：显示行编号。

⑮ Auto Coloring，自动为脚本中不同类型的语句添加不同的颜色。

⑯ Auto Format，自动将脚本以标准的格式来排列，以增加可读性。

二、创建各种类型的脚本

Director 中的脚本有不同的类型，它们的创建方法也各不相同，现在分别介绍各种类型脚本的创建方法。

1. 创建演员脚本

演员脚本用于控制演员的各种属性和行为，将带有演员脚本程序的演员拖入舞台成为精灵时，演员脚本程序仍然有效。演员脚本不是一个独立的演员，它是包含在演员身上的，因此，它不会在演员表中占据一个演员位置。

创建演员脚本的步骤如下：

（1）在演员表中选中一个要为之编写演员脚本的演员。

（2）右击该选中的演员，在弹出的快捷菜单中选择 Cast Member Script 命令，打开演员脚本编辑窗口，如图 6-3 所示。

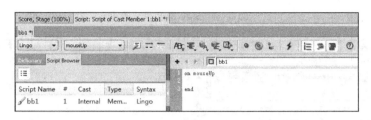

图 6-3　演员脚本编辑窗口

（3）在打开的演员脚本编辑窗口中编写相应脚本代码，编辑完毕后关闭脚本窗口即可。

演员脚本编写完毕以后，用缩略图方式查看演员表窗口，可以看到该演员所处位置的方格中带有脚本标记，表明这是一个带有演员脚本程序的演员。

2. 创建精灵脚本

精灵脚本是用于控制精灵行为的脚本，创建精灵脚本的步骤如下：

（1）选中要为之创建脚本的舞台精灵或剧本窗口精灵通道中的帧。如果是为精灵通道中的所有精灵创建脚本，可以在舞台上或剧本精灵通道中选中所有精灵；如果是为精灵通道中的某一帧或某些帧中的精灵创建脚本，则需选中这些帧。

（2）如果在步骤（1）中选中的是舞台上的所有精灵或精灵通道中的所有帧，则右击并在弹出的快捷菜单中选择 Script 命令，打开精灵脚本的编辑窗口，如图 6-4 所示，在其中编写相应的代码。如果在步骤（1）中选中的是精灵通道中的某一帧或某些帧，则在右击并选择 Script 命令后，会弹出如图 6-5 所示的 Attach Behavior Options 对话框，在此对话框中，如果选中 Select Complete Sprites Before Attaching 单选按钮，则可以为精灵通道中的所有精灵编写脚本；如果选中的是 Split Sprites Before Attaching 单选按钮，则是为选中帧中的精灵编写脚本，而不是为精灵通道所有帧中的精灵编写脚本。根据需要，选择两个单选按钮其中的一个，单击 OK 按钮，就打开了精灵通道特定帧中精灵的脚本编辑窗口。

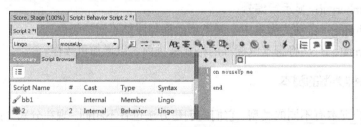

图 6-4　精灵脚本编辑窗口

3. 创建帧脚本

根据需要，在剧本窗口的脚本通道的某一帧双击，即可打开帧脚本编辑窗口，在其中创建或编辑帧脚本。帧脚本的作用不只针对某一个精灵，而是对所有精灵通道中特定帧的精灵均有效，图 6-6 所示为帧脚本编辑窗口。

仔细比较可以发现，帧脚本窗口的标题栏与精灵脚本窗口的标题栏几乎一样，但它们的控制对象是不一样的。

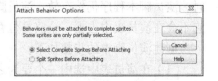

图 6-5　Attach Behavior Options 对话框

4．创建电影脚本

电影脚本是用来控制整部电影的脚本。电影在播放时，首先执行电影脚本中的程序，电影脚本中的程序将影响电影播放的全过程。可以在电影脚本中定义全局变量，也可以在电影脚本中写入将在整个电影播放过程中发挥作用的特殊程序以及电影初始化程序。电影脚本建立以后，将以演员方式存在于演员表窗口中并具有特殊的图标类型，可以通过双击演员表中的电影脚本演员，打开电影脚本编辑窗口查看或修改电影脚本。

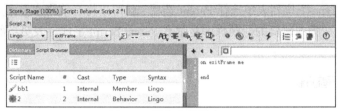

图 6-6　帧脚本编辑窗口

电影脚本的创建步骤如下：

（1）执行 Window→Script 命令，打开电影脚本编辑窗口，如图 6-7 所示，可以看到其中定义了很多全局变量以及在电影加载时对相关列表进行初始化的代码。

图 6-7　电影脚本编辑窗口

（2）在打开的电影脚本编辑窗口中编写在整部电影中起作用的脚本代码。

一般情况下，执行 Window→Script 命令打开的脚本窗口就是电影脚本编辑窗口，其标题栏中含有 Movie Script 字样，但有时打开的并不是电影脚本编辑窗口，这时可以单击电影脚本工具栏中的 Cast Member Properties 按钮 ，打开属性面板中的 Script 选项卡，在 Type 的下拉列表中选择 Movie 选项，如图 6-8 所示，这样就可以将当前正在编辑的脚本类型更改为电影脚本。

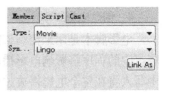

5. 创建父脚本

父脚本是一种面向对象的脚本，只有在面向对象编程时才会用到。在使用脚本窗口编写完脚本代码之后，单击脚本窗口工具栏中的 Cast Member Properties 按钮 ，打开属性面板中的 Script 选项卡，在 Type 下拉列表中选择 Parent 选项，就可以将当前脚本类型更改为父脚本。更改为父脚本之后，在脚本窗口的标题栏中显示有 Parent Script 字样，表明当前脚本类型已经是父脚本了。

图 6-8　在 Script 选项卡中更改脚本类型

三、事件和处理程序

1. 事件

事件一般是指在电影播放过程中所发生的事情，比如鼠标单击、鼠标按下、按下键盘中的某个键等，对于每个已经定义好的事件，不管是内部事件还是用户自定义事件，Director 都有一段特定的脚本程序来响应该事件，从而为电影增加各种特殊效果，使制作出的电影更加精彩。

在 Director 中，事件分为两种：

1）内部事件

内部事件是 Lingo 语言中已经定义好的事件，这类事件在使用时无须使用者自定义，直接使用即可，比如鼠标单击事件 mouseUp 就是 Lingo 中早就定义好的事件。

Lingo 中内部事件的使用方法如下：

```
on 事件名称
处理程序
end
```

比如：

```
on mouseUp
Quit()
end
```

以上代码的意思是，鼠标单击后，关闭正在播放的电影。

2）自定义事件

自定义事件，顾名思义，就是用户自己定义的事件。事实上，较高版本的 Lingo 中几乎已经定义了电影播放过程中所有可能发生的事件，用户基本上已经没有什么"事件"可以定义。这里说的"自定义事件"，其实更像很多编程语言中所说的自定义函数，之所以不叫自定义函数，而称其为自定义事件，是因为其在定义时的语法结构与系统内部事件是一样的，都是以 on 开头，后面就是自定义事件名称，最后也是以 end 结束。

自定义事件的语法结构如下：

```
on 自定义事件名称
处理程序
end
```

其中对于自定义事件的名称有如下规定：

（1）自定义事件的名称中不能有空格。

（2）自定义事件的名称必须以字母开头。

（3）自定义事件的名称只能由字母、数字等构成。

自定义事件定义好之后，必须通过系统内部事件才能调用，在系统内部事件的处理程序中以名称的形式对自定义事件进行调用。

2. 处理程序

1）什么是处理程序

处理程序是指事件发生时所执行的脚本程序，由此可知，它与事件紧密相关，系统对事件的响应就是对处理程序的执行。

每一个处理程序都有一个名称，处理程序的名称通常都是定义它的事件的名称。例如，有代码如下：

```
on mouseUp me
Quit()
end
```

在以上代码中，处理程序是定义在事件 mouseUp 中的一行脚本 Quit()，因此该处理程序就可称为 mouseUp 处理程序。

处理程序的名称必须以字母开头，其中可以包含字母、数字以及下画线，为了增加程序的可读性，在为处理程序命名时，最好选择与其要实现的功能相匹配的名称，使人一目了然。

2）处理程序的调用及其优先级

处理程序是通过名称来调用的，在处理程序中还可以调用其他的处理程序，这一点与大多数其他编程语言并无太大区别，在此不作详述。

通过对前面怎样创建各种类型脚本的学习，我们已经知道了在 Director 中，脚本可以分为很多种类型，其创建方法也是有所不同的，但是在这里还要了解，当一个事件发生时，各种类型脚本中的事件处理程序被调用的优先级是不一样的。在 Lingo 中，处理程序对基本事件的处理的优先顺序遵循以下规则：

第 1 优先级：专门被指定用于处理某事件的程序块。

第 2 优先级：精灵脚本中的处理程序。如果在一个精灵上发生了某个事件，则 Lingo 首先调用此精灵脚本上的处理程序，如果此精灵脚本中没有该事件的处理程序，则调用处于低优先级的其他脚本中的处理程序。

第 3 优先级：演员脚本中的处理程序。

第 4 优先级：帧脚本中的处理程序。

第 5 优先级：电影脚本中的处理程序。

四、变量和列表

1. 变量

变量是所有编程语言中都有的一个概念，Lingo 中也是如此。本小节要简单介绍 Lingo 中有关变量的一些知识。

1）变量的类型

变量之所以为变量，是因为变量的值在程序运行期间是可以改变的。Lingo 中最常用的变量类型主要是数字和字符两种。与其他高级语言不同的是，Lingo 中的变量在定义时不需要特别指明变量的类型，变量的类型是由赋予它的值的类型所决定的。

为变量赋值，其语法格式有两种：

（1）变量名=变量值 or 表达式，例如 a=1，a=3*5，a="1"。

（2）put 值 or 表达式 to 变量名，例如 put 3*5 to a。

在表达式 a=1 和 a=3*5 中，变量 a 的类型为数值型；在表达式 a="1"中 a 的类型为字符型。

2）局部变量和全局变量

（1）局部变量。顾名思义，局部变量的作用范围只局限在定义它的处理程序中。在 Lingo 中，可以使用 "=" 来声明一个局部变量。如果在声明变量的时候，没有使用关键字 global，则所声明的变量为局部变量。

（2）全局变量。与局部变量不同，全局变量的作用范围不仅仅局限在声明它的处理程序中，它的作用范围可以是整个脚本甚至整部电影。在 Lingo 中若要声明一个全局变量，则需在所声明的变量前面加上关键字 global。

2. 列表

在其他的编程语言中有数组的概念，在 Lingo 中也有类似的概念——列表。列表是一种可以在其中保存多个数值的数据结构类型。在 Lingo 中，列表有两种类型，分别是线性列表和属性列表。

1）线性列表

Lingo 中创建线性列表有两种方式：第一种方式是使用函数 list()；第二种方式是用中括号创建，直接在中括号中列出各元素值即可，现分别举例如下：

```
set ScoreList=list("优","良","中","差")
set ScoreList=["优","良","中","差"]
```

不管是用哪种方式创建的线性列表，列表中各元素之间都要用逗号分隔开。在 Lingo 中，列表元素的索引是从 1 开始的，这与大多数编程语言有所差异，使用时须留意。

2）属性列表

Lingo 中的线性列表存储的仅仅是数值，它只是一个数值的列表。属性列表则有所不同，它用于存储对象的属性值，既然存储的是属性值，那么在存储时必须指明属性的名称及该属性的值，下面来谈谈属性列表的创建。

属性列表的创建也有两种方式：第一种是用函数 propList()，第二种是使用符号[ ]。分别举例如下：

```
Sprite1Loc = propList("left",400, "top",550, "right",500, "bottom",750)—①
Sprite1Loc = [#left:100, #top:150, #right:300, #bottom:350]—②
Sprite1Loc = ["left",400, "top",550, "right",500, "bottom",750]—③
```

在上面的三个语句中，语句①用的是函数形式，语句②和③用的都是符号[ ]形式。在语句①、②、③中，left、top、right、bottom 分别是属性名称，而它们后面的数字则是其所对应的值。

项目实现

任务 1　制作按钮效果

目的：制作按钮效果。

要点：使用 Director 软件完成。舞台设置为 640×480，导入视频角色（video.avi），放置在舞台中，设置 5 个按钮控制这段视频。

各按钮名称和功能分别为：

（1）播放：按下可让视频按正常速度向前播放。

（2）暂停：按下可让视频暂停。

（3）快进：按下可让视频以倍数向前播放。

（4）快退：按下可让视频以倍数向后播放。

（5）回到最前：按下可让视频回到开头。（以上 5 个按钮的功能必须使用 Lingo 完成）。

打包输出能独立播放的 EXE 文件，按【Esc】键可退出。

步骤 1　启动 Director，执行 File→New→Movie 命令，新建一个 Director 电影；执行 Window →Panel Sets→Default 命令，切换到默认的 Director 工作环境，如图 6-9 所示。

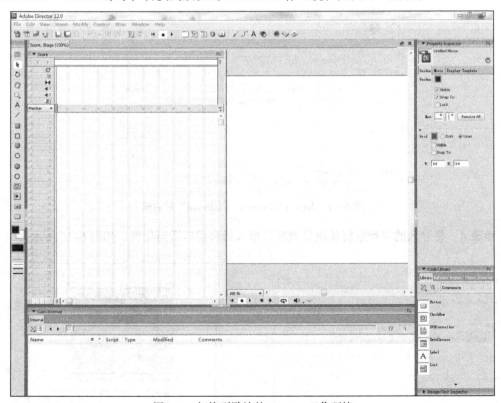

图 6-9　切换到默认的 Director 工作环境

多媒体技术与应用

步骤 2 执行 Modify→Movie→Properties 命令，打开属性检视器
中的 Movie 选项卡，设置舞台大小为 640×480，背景颜色为白色，
如图 6-10 所示。

步骤 3 执行 File→Import 命令，打开 Import Files into "Internal"
对话框，如图 6-11 所示。在 Import Files into "Internal"对话框中，选
中 video.avi 视频文件，单击 Add 按钮将它们添加到文件导入列表中，
然后单击 Import 按钮，弹出如图 6-12 所示的 Select Format 对话框，
选中 AVI 选项，单击 OK 按钮将视频素材导入。

图 6-10 设置舞台属性

图 6-11 Import Files into "Internal" 对话框

步骤 4 将导入的视频素材从演员表窗口拖入舞台窗口适当位置，如图 6-13 所示。

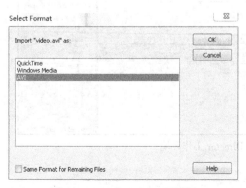

图 6-12 Select Format 对话框

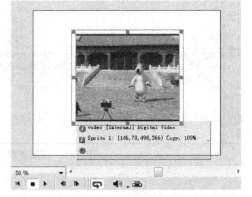

图 6-13 将视频演员拖入舞台

160

步骤 5　在舞台工具箱中选择 Push Button 按钮,如图 6-14 所示。在舞台上视频下方的适当位置分别绘制 5 个 Push Button 按钮。

步骤 6　执行 Window→Paint 命令,在 Director 的位图编辑窗口中绘制关闭按钮,如图 6-15 所示。

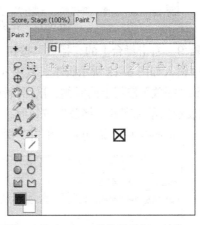

图 6-14　从工具箱中选择 Push Button 按钮　　　　图 6-15　Director 的位图编辑工具窗口

步骤 7　将绘制的关闭按钮拖入舞台的右上角。至此所有精灵在舞台上的位置均已安排妥当,舞台窗口最终结果及此时的剧本窗口如图 6-16 所示。

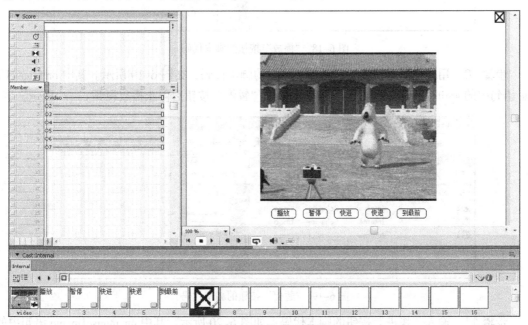

图 6-16　舞台窗口最终结果及此时的剧本窗口

步骤 8　双击剧本窗口中脚本通道的第 30 帧,弹出帧脚本编辑窗口,在帧脚本编辑窗口中输入 go to the frame,输入完毕关闭此窗口,如图 6-17 所示。此代码表示播放到此帧时,播放头停在此帧不再移动。

图 6-17　在帧脚本编辑窗口中输入代码

步骤 9　右击舞台上的"播放"按钮，在弹出的快捷菜单中选择 Script 命令，在弹出的脚本窗口中输入如图 6-18 所示脚本。其中 on mouseWithin me 语句中的 cursor 280 语句表示当鼠标移动到"播放"按钮上的时候，鼠标指针将变成手指形状；on mouseLeave me 语句中的 cursor-1 语句表示当鼠标离开"播放"按钮时，鼠标指针将恢复原来的形状；on mouseUp me 语句中的 sprite(1).movieRate=1 语句表示单击"播放"按钮后播放位于精灵通道 1 中的视频。

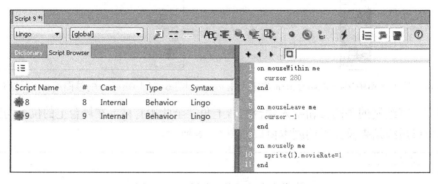
图 6-18　"播放"按钮的脚本代码

步骤 10　用同样的方法输入"暂停"按钮的脚本代码，如图 6-19 所示。其中 on mouseUp me 语句中的 sprite(1).movieRate=0 语句表示单击"暂停"按钮后停止播放视频。

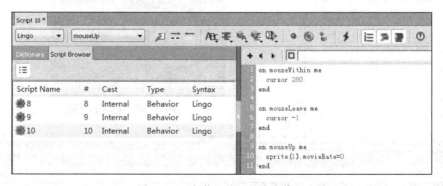
图 6-19　"暂停"按钮的脚本代码

步骤 11　输入"快进"按钮的脚本代码，如图 6-20 所示。其中 on mouseUp me 语句中的 sprite(1).movieRate=4 语句表示单击"快进"按钮后，视频以快进形式播放。

步骤 12　输入"快退"按钮的脚本代码，如图 6-21 所示。其中 on mouseUp me 语句中的 sprite(1).movieRate=-4 语句表示单击"快退"按钮后，视频以快退的形式播放。

步骤 13　输入"回到最前"按钮的脚本代码，如图 6-22 所示。其中 on mouseUp me 语句中的 sprite(1).movieTime=0 语句表示单击"回到最前"按钮后，视频回到最初的播放画面。

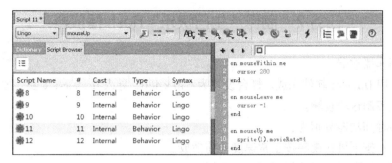

图 6-20　"快进"按钮的脚本代码

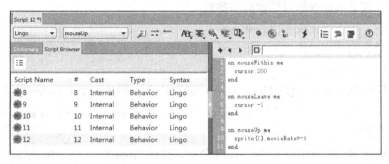

图 6-21　"快退"按钮的脚本代码

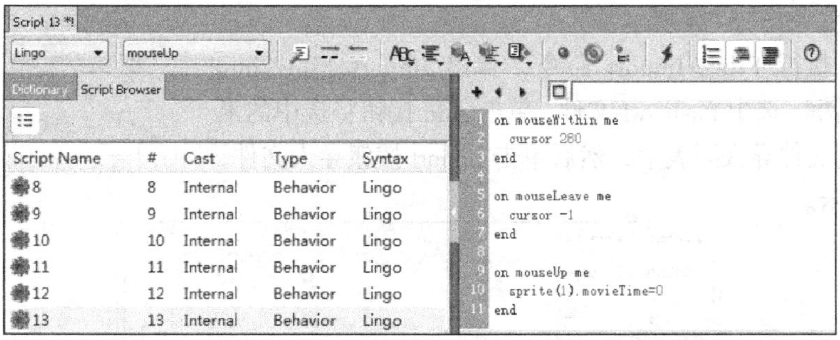

图 6-22　"回到最前"按钮的脚本代码

步骤 14　输入"关闭"按钮的脚本代码，如图 6-23 所示。其中 on mouseUp me 语句中的 quit 语句表示单击"关闭"按钮后，关闭视频的播放。

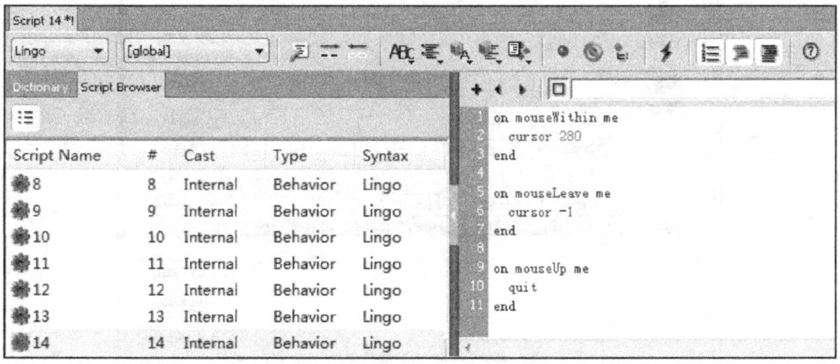

图 6-23　"关闭"按钮的脚本代码

步骤 15　至此，整个实例制作完毕。执行 File→Save As 命令保存文件。

任务 2　制作"生日快乐"Flash 播放器

目的：制作播放器。

要点：使用 Director 软件完成。舞台设置为 640×480，导入 flash.swf 演员，放置在舞台中，设置 4 个按钮控制这段视频。

各按钮名称和功能分别为：

（1）播放：按下可让视频按正常速度向前播放。

（2）暂停：按下可让视频暂停。

（3）快进：按下可让视频以倍数向前播放。

（4）到最前：按下可让视频回到开头。

当 Flash 播放到结尾时弹出警告框显示"节日快乐！"，单击"确定"按钮后继续运行。（所有功能必须使用 Lingo 完成）

步骤 1　启动 Director，执行 File→New→Movie 命令，新建一个 Director 电影。

步骤 2　执行 Window→Panel Sets→Default 命令，切换到默认的 Director 工作环境。

步骤 3　执行 Modify→Movie→Properties 命令，打开 Property Inspector 面板中的 Movie 选项卡，将舞台大小设为 640×480，背景颜色为白色，如图 6-24 所示。

图 6-24　设置舞台属性

步骤 4　执行 File→Import 命令，弹出 Import Files into "Internal"对话框，选中 flash.swf 文件，单击 Add 按钮将选中的素材文件添加到文件导入列表中，然后单击 Import 按钮导入文件，如图 6-25 所示。

图 6-25　Import Files into "Internal" 对话框

步骤 5　选中 Cast 演员表窗口中的演员 flash，切换到 Property Inspector 面板的 Flash 选项卡，在 Flash 选项卡的 Rate 选项的下拉列表中选择 Fixed，在其后的文本框中输入 12，这表示导入的 Flash 动画以每秒 12 帧的速度播放，如图 6-26 所示。

步骤 6　将导入的 Flash 动画从演员表窗口拖入舞台放在适当的位置，并利用舞台工具箱中的 Push Button 按钮工具在舞台上动画窗口的下方分别创建"播放""暂停""快进""到最前"4 个按钮，创建完毕后，适当调整位置，此时的舞台窗口和剧本窗口分别如图 6-27 和图 6-28 所示。

图 6-26　Flash 选项卡的设定

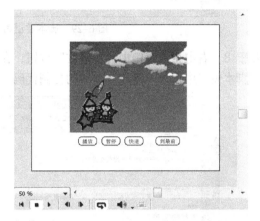

图 6-27　Flash 动画及按钮在舞台上的排列

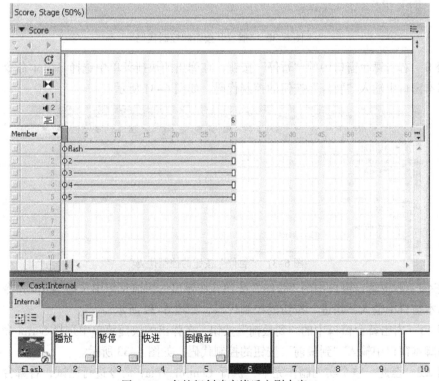

图 6-28　各按钮创建完毕后之剧本窗口

步骤 7　双击剧本窗口中脚本通道的第 30 帧，在弹出的帧脚本编辑窗口中输入脚本代码

（注释仅帮助理解，可以不必输入），如图 6-29 所示。

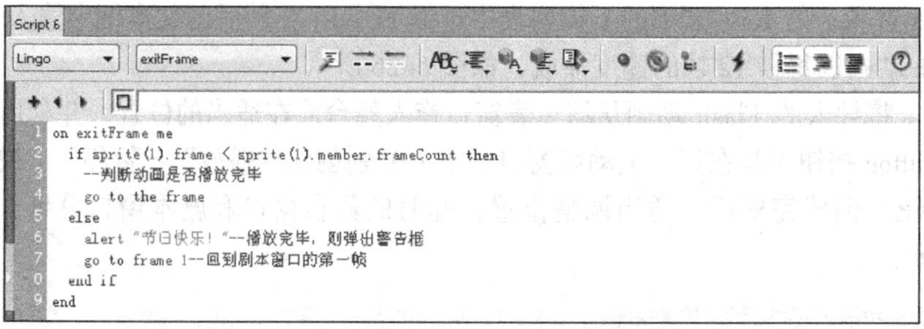

```
Script 6
Lingo    exitFrame
  1  on exitFrame me
  2    if sprite(1).frame < sprite(1).member.frameCount then
  3      --判断动画是否播放完毕
  4      go to the frame
  5    else
  6      alert "节日快乐!"--播放完毕，则弹出警告框
  7      go to frame 1--回到剧本窗口的第一帧
  8    end if
  9  end
```

图 6-29　脚本通道第 30 帧中的代码

步骤 8　右击舞台窗口中的"播放"按钮，在弹出的快捷菜单中选择 Script 命令，在随后出现的脚本窗口中输入"播放"按钮的控制代码，如图 6-30 所示。

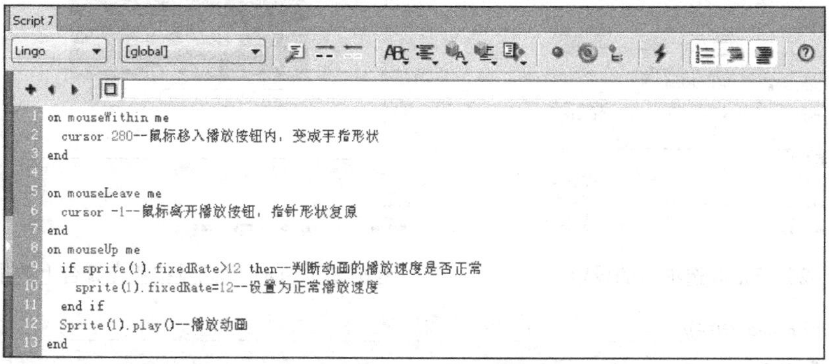

```
Script 7
Lingo    [global]
  1  on mouseWithin me
  2    cursor 280--鼠标移入播放按钮内，变成手指形状
  3  end
  4
  5  on mouseLeave me
  6    cursor -1--鼠标离开播放按钮，指针形状复原
  7  end
  8  on mouseUp me
  9    if sprite(1).fixedRate>12 then--判断动画的播放速度是否正常
  10     sprite(1).fixedRate=12--设置为正常播放速度
  11   end if
  12   Sprite(1).play()--播放动画
  13 end
```

图 6-30　"播放"按钮的控制代码

步骤 9　右击舞台窗口中的"暂停"按钮，在弹出的快捷菜单中选择 Script 命令，在随后出现的脚本窗口中输入"暂停"按钮的控制代码，如图 6-31 所示。

```
Script 8
Lingo    [global]
  1  on mouseWithin me
  2    cursor 280
  3  end
  4
  5  on mouseLeave me
  6    cursor -1
  7  end
  8  on mouseUp me
  9    Sprite(1).stop()--停止播放动画
  10 end
```

图 6-31　"暂停"按钮的控制代码

步骤 10　右击舞台窗口中的"快进"按钮，在弹出的快捷菜单中选择 Script 命令，在随后出现的脚本窗口中输入"快进"按钮的控制代码，如图 6-32 所示。

步骤 11　右击舞台窗口中的"到最前"按钮，在弹出的快捷菜单中选择 Script 命令，在随后出现的脚本窗口中输入"到最前"按钮的控制代码，如图 6-33 所示。

步骤 12　至此，整个实例制作完毕，执行 Control→Play 命令进行测试，看舞台上先前创建的各个按钮是否实现了各自的功能。测试完毕，如无错误，则执行 File→Save As 命令保存电影文件。

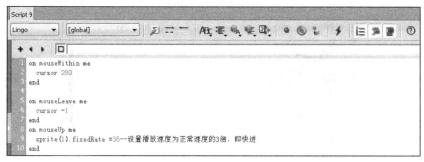

图 6-32　"快进"按钮的控制代码

图 6-33　"到最前"按钮的控制代码

任务 3　制作导游图

目的：根据声音内容显示不同画面。

要点：使用 Director 软件完成。舞台设置为 640×480，导入声音角色（wav.wav），在这段声音里预先设置了 4 个线索点（cue point），在播放过程中，声音经过 4 个线索点时分别实现如下动作：

线索点 1：舞台展示场景图片 02.jpg，同时显示经过的线索点的名字。

线索点 2：舞台展示场景图片 03.jpg，同时显示经过的线索点的名字。

线索点 3：舞台展示场景图片 04.jpg，同时显示经过的线索点的名字。

线索点 4：让声音淡出。（必须使用 Lingo 完成上述功能）

打包输出能独立播放的 EXE 文件，播放过程中按【Esc】键可退出。

步骤 1　启动 Director，执行 File→New→Movie 命令，新建一个 Director 电影。

步骤 2　执行 Window→Panel Sets→Default 命令切换到 Director 默认工作环境。

步骤 3　执行 Modify→Movie→Properties 命令，打开 Property Inspector 面板的 Movie 选项卡，设置舞台大小为 640×480，背景颜色为黑色，如图 6-34 所示。

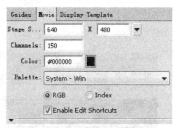

图 6-34　设置舞台属性

步骤 4　执行 File→Import 命令，在弹出的 Import Files into "Internal" 对话框中选中 01.jpg、02.jpg、03.jpg、04.jpg、wav.wav 5 个文件，单击 Add 按钮将它们添加到文件导入列表中，如图 6-35 所示，单击 Import 按钮将文件导入。

图 6-35　Import Files into "Internal"对话框

步骤 5　文件导入后的演员表窗口如图 6-36 所示。

步骤 6　将 01.jpg 从演员表窗口拖入舞台适当位置，并利用舞台工具箱中的 Text 文本工具在刚拖入舞台的图片 01.jpg 的左上部创建文本"刚刚过去的线索点的名字为："，在文本框保持选中的状态下，执行 Modify→Font 命令，在弹出的 Font 对话框中适当修改文字颜色及大小，执行 Modify→Sprite→Properties 命令，在 Property Inspector 面板的 Sprite 选项卡中将舞台上刚创建的文本框的背景改为适当颜色，完成后如图 6-37 所示。

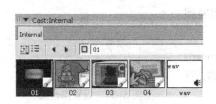

图 6-36　演员表窗口　　　　　　　　　图 6-37　拖入 01.jpg 图片并创建好文本框后的舞台

步骤 7　利用舞台工具箱中的 Field 文本域工具在舞台背景图片左上部的文本框的右边创建一个文本域，效果如图 6-38 所示。

步骤 8　利用舞台工具箱中的 Push Button 工具在舞台背景图片的右下部创建一个 Replay 按钮，效果如图 6-39 所示。

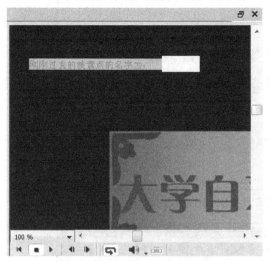

图 6-38　创建文本域之后的舞台　　　　　　　　图 6-39　创建 Replay 按钮之后的舞台

步骤 9　至此，已经将可以看得见的演员在舞台上布置完毕，接下来把演员表窗口中的 wav.wav 文件拖入声音通道 1 中的第 2 帧，此时的舞台窗口及剧本窗口如图 6-40 所示。

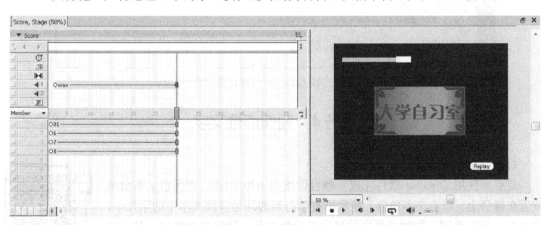

图 6-40　各种演员排列妥当后的舞台窗口和剧本窗口

步骤 10　双击剧本窗口中脚本通道的第 30 帧，在弹出的帧脚本编辑窗口中输入代码，如图 6-41 所示。

步骤 11　右击舞台背景图片右下部的 Replay 按钮，在弹出的快捷菜单中选择 Script 命令，在出现的帧脚本编辑窗口中输入 Replay 按钮的控制代码，如图 6-42 所示。

步骤 12　至此，整个实例制作完毕。执行 Control→Play 命令进行测试，可以看到随着音乐的播放，舞台左上部的文本域窗口中出现了对应的线索点名称，此时舞台画面随之切换，单击 Replay 按钮可以重新开始播放。

步骤 13　执行 File→Save As 命令，保存所创建的 Director 电影文件。

多媒体技术与应用

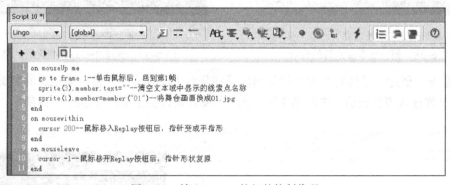

```
Script 9
Lingo          cuepassed
1  on exitFrame me
2    go the frame
3  end
4  on cuepassed me,channel,number,name--捕获声音数据流中的线索点
5    if (channel=#Sound1) then--channel表示声音通道的序号, #Sound1表示声音通道1的符号量
6      case number of
7        1:sprite(1).member=member("02")--在第1个线索点处, 将舞台画面换成02.jpg
8          sprite(3).member.text=name--在文本域中显示第1个线索点的名称
9        2:sprite(1).member=member("03")
10         sprite(3).member.text=name
11       3:sprite(1).member=member("04")
12         sprite(3).member.text=name
13       4:sound(1).fadeout(5000)--使声音在5000毫秒内逐渐淡出
14         sprite(3).member.text=name
15     end case
16   end if
17 end
```

图 6-41　在脚本通道第 30 帧的帧脚本编辑窗口中输入代码

```
Script 10 *!
Lingo          [global]
1  on mouseUp me
2    go to frame 1--单击鼠标后, 回到第1帧
3    sprite(3).member.text=""--清空文本域中显示的线索点名称
4    sprite(1).member=member("01")--将舞台画面换成01.jpg
5  end
6  on mousewithin
7    cursor 280--鼠标移入Replay按钮后, 指针变成手指形
8  end
9  on mouseleave
10   cursor -1--鼠标移开Replay按钮后, 指针形状复原
11 end
```

图 6-42　输入 Replay 按钮的控制代码

任务 4　制作点选文字

目的：制作点选文字。

要点：使用 Director 软件完成。舞台设置为 640×480，把黑色文本角色放置在舞台上，单击文本角色，显示出被单击到的词是整段文本中的第几个，并且显示出此单词，同时被单击的单词显示为红色，设置退出按钮，禁止按【Esc】键退出。打包输出能独立播放的 EXE 文件。（所有功能必须使用 Lingo 完成）

点选文字视频

步骤 1　启动 Director，执行 File→New→Movie 命令，新建一个 Director 电影。

步骤 2　执行 Window→Panel Sets→Default 命令，切换到默认的 Director 工作环境。

步骤 3　执行 Modify→Movie→Properties 命令，打开属性检查器中的 Movie 选项卡，设置舞台大小为 640×480，背景为白色，如图 6-43 所示。

图 6-43　设置舞台属性

170

步骤 4　执行 File→Import 命令，打开 Import Files into "Internal"对话框，如图 6-44 所示。在 Import Files into "Internal"对话框中，选中 "文字.txt" 文本文件，单击 Add 按钮，将选中的文件添加到文件导入列表中，然后单击 Import 按钮，弹出如图 6-45 所示的 Select Format 对话框，选择 Text 选项，单击 OK 按钮导入图片。

图 6-44　Import Files into "Internal" 对话框　　　　图 6-45　Select Format 对话框

步骤 5　执行 Window→Paint 命令，打开位图编辑窗口如图 6-46 所示，利用空心矩形工具和直线工具绘制 "关闭" 按钮。

步骤 6　"关闭" 按钮绘制完毕之后的演员表窗口如图 6-47 所示。

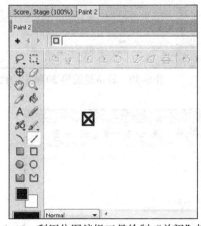

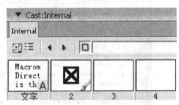

图 6-46　利用位图编辑工具绘制 "关闭" 按钮　　　　图 6-47　演员表窗口

步骤 7　将 "文字" 演员拖入舞台适当位置，此时发现文字在舞台上的显示较小，不够清晰，因此需改变文字的字体大小。双击图 6-47 演员表窗口中的 "文字" 演员，进入文本演员编辑窗口，将文字的字体大小改为 24 磅，如图 6-48 所示。

多媒体技术与应用

步骤8 将"关闭"按钮拖至舞台右上角，此时的舞台与剧本窗口如图6-49所示。

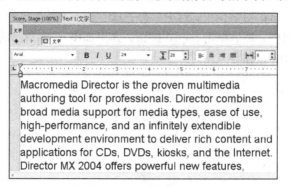

图6-48 在文本演员编辑窗口中改变字体大小

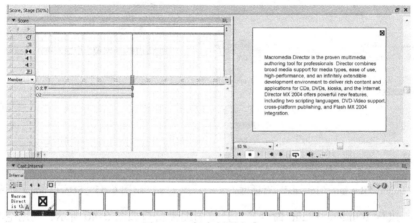

图6-49 舞台与剧本窗口

步骤9 双击剧本窗口中脚本通道的第30帧，在弹出的帧脚本编辑窗口中输入代码，如图6-50所示。

步骤10 右击舞台窗口中的文本，在弹出的快捷菜单中选择Script命令，然后在弹出的脚本编辑窗口中输入如图6-51所示代码。

图6-50 脚本通道第30帧中的代码

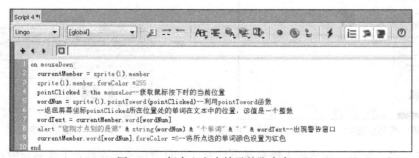

图6-51 舞台上文本精灵的脚本窗口

步骤11 右击舞台上的"关闭"按钮，在弹出的快捷菜单中选择Script命令，然后，在弹出的帧脚本编辑窗口中输入如图6-52所示代码。

172

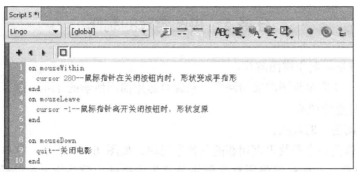

图 6-52　舞台上"关闭"按钮的帧脚本编辑窗口

步骤 12　为了禁止影片在播放时按【Esc】键退出，还要创建控制整部电影的脚本。在演员表窗口中选择一个空白演员位置，如图 6-53 所示。然后执行 Window→Script 命令或单击工具栏上的 Script Window 按钮，打开电影脚本编辑窗口，输入图 6-54 所示代码。

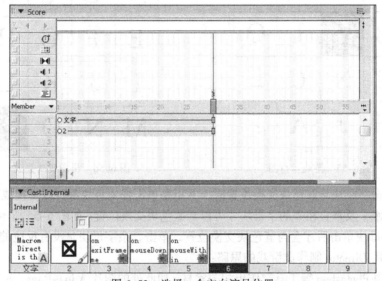

图 6-53　选择一个空白演员位置

图 6-54　电影播放时禁止按【Esc】键退出的脚本代码

步骤 13　至此，整个实例制作完毕。执行 Control→Play 命令进行测试，当单击舞台上的文字时，会弹出一个警告框显示被单击的单词及该词在文章中的次序，单击警告对话框中的"确定"按钮，单击单词会变成红色。

步骤 14　执行 File→Save As 命令，保存刚刚制作的 Director 电影文件。

任务5 拼图游戏的制作

目的：利用 Lingo 制作拼图游戏。

要点：通过一个简单拼图游戏的制作，来综合运用前面所学的 Lingo 语言知识，以此来加深对 Lingo 语言特点的理解。

首先介绍拼图游戏的玩法：

（1）单击与蓝色块水平及垂直相邻的其他字母块，如图 6-55 所示。被单击的字母块便会与蓝色块交换位置，从而最终将所有字母块及蓝色块排列成游戏所要求的顺序，如图 6-56 所示。

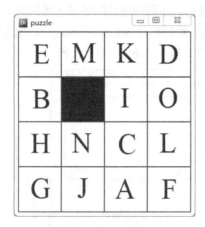

图 6-55 游戏运行图

图 6-56 拼图成功完成

（2）在单击字母块与蓝色块交换位置时，并不是单击任何色块都可以交换成功的，而只能单击与蓝色块水平及垂直相邻的字母块才可以与蓝色块交换位置。如图 6-55 所示，只有 M、N、B、I 这 4 个字母块单击后才会与蓝色块交换位置，单击其余字母块是没有反应的。

现在介绍用 Director 制作此游戏的思路：

（1）首先用 Photoshop 等工具制作出相关素材，如此处的图片 A.jpg~P.jpg，每张尺寸设定为 75×75 像素。另外，还要准备一个交换图片位置时发出声音的文件，如本例中的 click.wav。

（2）将以上素材都导入到 Director 中，并调整演员表窗口中演员的顺序，使图片 A.jpg~P.jpg 分别占据演员表窗口中 1~16 号位置。这样做的目的是用数字 1~16 分别标识图片演员 A.jpg~P.jpg，增加脚本程序的可读性。

（3）将图片演员 A.jpg~P.jpg 拖入剧本窗口的精灵通道 1 至精灵通道 16 中，每个通道只占 1 帧的长度。调整图片精灵在舞台上的位置如图 6-56 所示，这样做的目的是可以使舞台上从左至右、从上至下的各位置对应剧本窗口中的精灵通道 1~16，如图 6-56 和图 6-57 所示。字母块 A 所处位置对应精灵通道 1，字母块 B 所处位置对应精灵通道 2，依此类推，最后的蓝色块所处位置对应精灵通道 16，这样在游戏运行过程中交换图片时，就可以用 the memberNum of sprite i 来标识舞台同一位置处的不同图片了。游戏运行过程中交换图片位置，本质上是利用 the memberNum of sprite i 来交换不同位置所对应通道中的演员。精灵通道中的演员换掉了，舞台上与精灵通道对应的位置处的图片自然也换掉了。

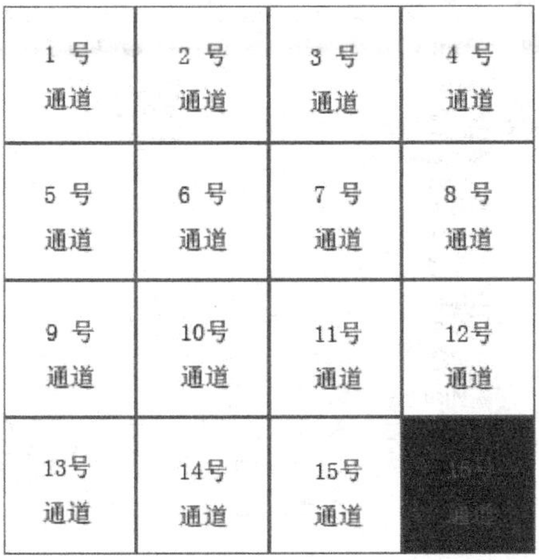

1 号
通道
2 号
通道
3 号
通道
4 号
通道
5 号
通道
6 号
通道
7 号
通道
8 号
通道
9 号
通道
10号
通道
11号
通道
12号
通道
13号
通道
14号
通道
15号
通道
16号
通道

图 6-57　舞台位置与精灵通道的对应关系

（4）需要注意的是，并不是每一张图片单击后都能与蓝色块交换位置，这点在游戏的玩法中已经有说明。因此，对于蓝色块在舞台上的每一个位置，都应该分别设置一个当前的可移动字母块列表，亦即可与蓝色块所在通道交换演员的精灵通道列表，每次单击时，都要让脚本程序检查被单击的字母块所对应的精灵通道是否在蓝色块当前位置所对应的可移动精灵通道列表中，如在，则交换图片；否则，不做任何反应。如何动态确定蓝色块在游戏运行过程中所处的不同通道，是本游戏脚本编制过程中的难点，稍后用脚本程序加以说明。

（5）游戏第一次运行需随机排列舞台上的图片，否则就失去了拼图的意义，这些初始化工作放在电影脚本中处理，游戏运行过程中，每交换一次图片，均需与拼图成功完成的状态进行比较，若拼图成功完成，则弹出提示框，单击“确定”按钮后再次随机生成舞台画面以继续进行游戏。

现在详细叙述用 Director 实现此拼图游戏的过程：

步骤 1　执行 File→New→Movie 命令，新建一个 Director 影片。

步骤 2　执行 Modify→Movie→Properties 命令，打开属性面板中的 Movie 选项卡，修改舞台大小为 300 × 300 像素，如图 6-58 所示。

Guides
Movie
Display Template
Stage S...
300
X
300
Channels:
150
Color:
#FFFFFF
Palette:
System - Win
RGB
Index
Enable Edit Shortcuts

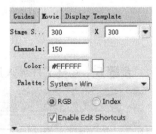

图 6-58　设置舞台属性

步骤 3　执行 Window→Panel Sets→Default 命令，切换到默认 Director 工作环境。

步骤 4　执行 File→Import 命令，在打开的 Import Files into “Internal”对话框中，选中 A.jpg~P.jpg、click.wav 共 17 个文件，单击 Add 按钮将它们添加到文件导入列表中，如图 6-59 所示，然后单击 Import 按钮，在出现的 Image Options for 对话框中，选中 Same Settings for Remaining Images 复选框，如图 6-60 所示，单击 OK 按钮将素材文件导入。

图 6-59　Import Files into "Internal" 对话框

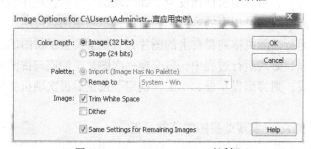

图 6-60　Image Options for 对话框

步骤 5　素材文件导入后，演员表窗口如图 6-61 所示。

图 6-61　导入文件后的演员表窗口

步骤 6　调整演员表中演员的位置（此步很重要）。图 6-62 所示为调整好演员位置后的演员表窗口。

步骤 7　执行 Edit→Preferences→Sprite 命令，打开 Sprite Preferences 对话框，如图 6-63 所示，在此对话框中的 Span Duration 选项后的文本框中输入数字 1，使精灵在剧本窗口的精灵通道中占据 1 帧的长度。

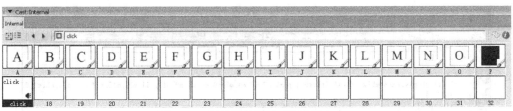

图 6-62　调整演员位置后的演员表窗口

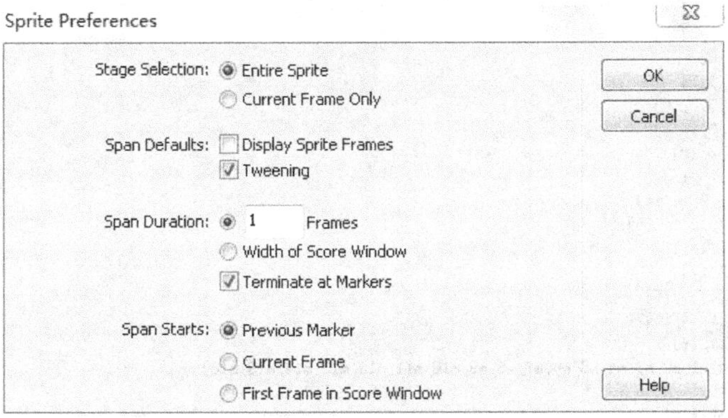

图 6-63　Sprite Preferences 对话框

步骤 8　将演员表中的 A~P 演员分别拖入剧本窗口的精灵通道 1~16 中，并修改舞台中各图片的位置（此步很重要，目的是使舞台中的特定位置与剧本窗口中的特定精灵通道相对应）。完成后的剧本和舞台窗口如图 6-64 所示。

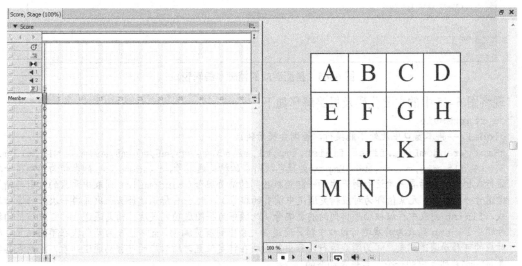

图 6-64　各图片位置调整完毕后的舞台与剧本窗口

步骤 9　接下来，开始编写脚本。执行 Window→Script 命令，打开帧脚本编辑窗口，在其中输入相应代码，如图 6-65 所示。帧脚本编辑窗口中的代码主要用于游戏运行时的初始化工作。

```
Script 18
Lingo          ▼  startMovie         ▼   🔍 ═ ─   AB🗏 🗐 🗒 🗏   ● ⊘ ⟲   ⚡   ☰ 🗏 🗏 ⑦
+  ◀  ▶  🔲
    1   on startMovie
    2     global gEmpty,randomList,first,finish,tmp,m1,m2,m3,m4,m5,m6,m7,m8,m9,m10,m11,m12,m13,m14,m15,m16,mList,M
    3     set M=[]
    4     set tmp=[]
    5     set finish=[1,2,3,4,5,6,7,8,9,10,11,12,13,14,15,16]
    6     set m1=[2,5]
    7     set m2=[1,3,6]
    8     set m3=[2,4,7]
    9     set m4=[3,8]
   10     set m5=[1,6,9]
   11     set m6=[2,5,7,10]
   12     set m7=[3,6,8,11]
   13     set m8=[4,7,12]
   14     set m9=[5,10,13]
   15     set m10=[6,9,11,14]
   16     set m11=[7,10,12,15]
   17     set m12=[8,11,16]
   18     set m13=[9,14]
   19     set m14=[10,13,15]
   20     set m15=[11,14,16]
   21     set m16=[12,15]
   22     set mList=[m1,m2,m3,m4,m5,m6,m7,m8,m9,m10,m11,m12,m13,m14,m15,m16]
   23     set first=0
   24     set randomList=[]
   25     repeat with x=1 to 16
   26       addAt(randomList,random(x),x)
   27     end repeat
   28     repeat while randomList=finish
   29       repeat with x=1 to 16
   30         addAt(randomList,random(x),x)
   31       end repeat
   32     end repeat
   33     repeat with i=1 to 16
   34       puppetsprite i,true
   35     end repeat
   36   end startMovie
◀
```

图 6-65　拼图游戏的帧脚本编辑窗口

现将图 6-65 中的主要代码及思路解释如下：

on startMovie

global --脚本窗口中此处不能换行，否则会提示错误

gEmpty,randomList,first,finish,tmp,m1,m2,m3,m4,m5,m6,m7,m8,m9,m10,m11,m12,m13,m14,m15,m16,mList,M--gEmpty 为蓝色块所在的精灵通道号，randomList 列表值为游戏第一次运行或拼图成功后再一次运行时产生的一组随机排列的演员编号（randomList 列表中元素的索引与精灵通道号一一对应，元素值即为对应精灵通道中演员的编号），first 标识是否头一次或再一次开始运行游戏，finish 列表中存储按顺序排列的演员编号（此顺序为拼图成功完成后，精灵通道 1~16 中演员的编号顺序），tmp 列表为游戏运行过程中精灵通道 1-16 中的演员编号，m1~m16 为蓝色块在不同位置时所对应的可移动通道列表，M 为游戏运行过程中蓝色块在特定位置时所对应的可移动通道列表，M 列表其实是 m1~m16 列表中的一个，其值是动态的

set M=[]

set tmp=[]

set finish=[1,2,3,4,5,6,7,8,9,10,11,12,13,14,15,16]

set m1=[2,5]--蓝色块位于通道 1，即舞台左上角时，可移动字母块所对应的通道列表，以下依此类推

set m2=[1,3,6]

set m3=[2,4,7]

set m4=[3,8]

set m5=[1,6,9]

```
set m6=[2,5,7,10]
set m7=[3,6,8,11]
set m8=[4,7,12]
set m9=[5,10,13]
set m10=[6,9,11,14]
set m11=[7,10,12,15]
set m12=[8,11,16]
set m13=[9,14]
set m14=[10,13,15]
set m15=[11,14,16]
set m16=[12,15]
  set mList=[m1,m2,m3,m4,m5,m6,m7,m8,m9,m10,m11,m12,m13,m14,m15,m16]--mList 是
一个二维列表
  set first=0--游戏头一次运行，first 的值为 0
set randomList=[]
  repeat with x=1 to 16--以下 3 行代码为随机列表赋值
addAt(randomList,random(x),x)
  end repeat
  repeat while randomList=finish--判断产生的 randomList 列表值是否与游戏成功完成时的
列表值相同
repeat with x=1 to 16--若相同，则为 randomList 列表重新赋值
addAt(randomList,random(x),x)
end repeat
  end repeat
  repeat with i=1 to 16--以下 3 行代码木偶化各通道中的精灵
    puppetsprite i,true
  end repeat
end startMovie
```

步骤 10　双击脚本通道的第 1 帧，在打开的帧脚本编辑窗口中输入相应代码，如图 6-66
所示。

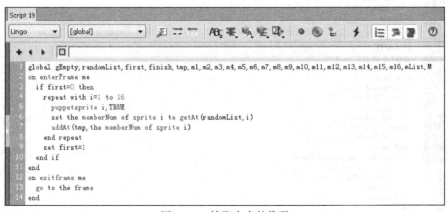

图 6-66　帧脚本中的代码

图 6-66 中脚本解释如下：
```
global --
gEmpty,randomList,first,finish,tmp,m1,m2,m3,m4,m5,m6,m7,m8,m9,m10,m11,m12,m1
3,m14,m15,m16,mList,M
on enterFrame me--当进入帧时
```

```
        if first=0 then--判断 first 的取值是否为 0，以确定游戏是头一次运行或一次拼图成功后再一
次运行
repeat with i=1 to 16
    puppetsprite i,TRUE--木偶化各通道中的精灵
    set the memberNum of sprite i to getAt(randomList,i)--初始化各精灵通道中的
演员
    addAt(tmp,the memberNum of sprite i)--初始化 tmp 列表值
end repeat
    set first=1 --初始化完毕后，将 first 的值置为 1，防止在帧中循环时不断初始化
end if
end
on exitframe me--退出帧时
  go to the frame--停在这一帧
end
```

步骤 11　现在编写舞台上精灵的控制代码，这是所有代码中最重要的代码。右击如图 6-64 中
舞台左上角的精灵 A，在弹出的快捷菜单中选择 Script 命令，随后出现精灵脚本编辑窗口，在
精灵脚本编辑窗口中输入相应代码，如图 6-67 所示。

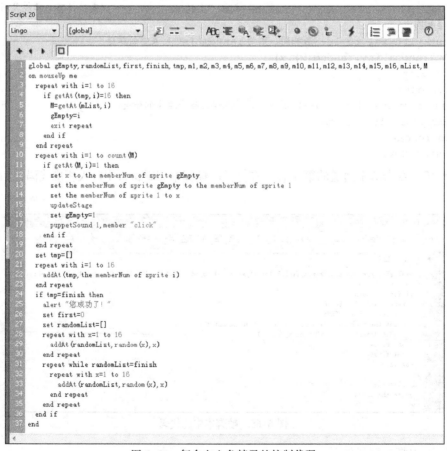

图 6-67　舞台左上角精灵的控制代码

图 6-67 中脚本解释如下：
global--脚本窗口中此处不能换行，否则提示出错

```
gEmpty,randomList,first,finish,tmp,m1,m2,m3,m4,m5,m6,m7,m8,m9,m10,m11,m12,m1
3,m14,m15,m16,mList,M
on mouseUp me--当鼠标单击舞台上的精灵时
  repeat with i=1 to 16--开始一个循环
    if getAt(tmp,i)=16 then--利用 getAt 函数获取列表 tmp 中的元素值并与演员号 16（此号唯
一代表蓝色块）进行比较，如果相等，则当前索引值 i 就表示此时蓝色块所处的通道号，同时也确定了蓝
色块在舞台上的位置
      M=getAt(mList,i)--根据 i 的值从二维列表 mList 中获取相应的值并赋给当前可移动通道列
表 M
      gEmpty=i  --将 i 的值赋给蓝色块所在通道号变量 gEmpty
      exit repeat---一旦从 tmp 列表中找出了蓝色块的通道号，则退出循环，没有必要再循环下去
end if
end repeat
  repeat with i=1 to count(M)--count(M) 为 M 列表中元素的个数
    if getAt(M,i)=1 then--由于这段代码是舞台左上角的精灵代码，而舞台左上角的位置对应精灵
通道 1，因此，通过一个循环来判断当前的可移动通道列表中是否包含通道 1，如果包含，则说明舞台左
上角的字母块是当前可以移动的，那么就可以执行下面的交换通道中演员的代码了
      set x to the memberNum of sprite gEmpty--以下 3 行代码负责被单击的字母块所属通
道与蓝色块所属通道交换演员
set the memberNum of sprite gEmpty to the memberNum of sprite 1
set the memberNum of sprite 1 to x
      updateStage--刷新舞台画面
      set gEmpty=1--交换之后，蓝色块成为通道 1 中的演员，因此，将变量 gEmpty 赋值为 1
      puppetSound 1,member "click"--交换时，在声音通道 1 中播放 "click" 声音
end if
end repeat
  set tmp=[]--将 tmp 列表清空，准备接受交换演员后的精灵通道 1~16 中的演员编号，此步非常重要
repeat with i=1 to 16
  addAt(tmp,the memberNum of sprite i)--为 tmp 列表重新赋值，为下次确定蓝色块位置做
准备
end repeat
  if tmp=finish then--将 tmp 列表中的值与 finish 列表中的值进行比较
    alert "您成功了！"--如果相同，说明拼图成功结束，弹出提示框
    set first=0--若拼图成功结束，则将 first 值为 0，重新生成随机列表，开始下一轮游戏
set randomList=[]
repeat with x=1 to 16
addAt(randomList,random(x),x)
end repeat
repeat while randomList=finish
repeat with x=1 to 16
addAt(randomList,random(x),x)
end repeat
end repeat
end if
end
```

步骤 12　将图 6-67 精灵代码中的部分代码行中的数字 1 更改为舞台中各位置所对应的通道号即成为舞台上其他位置精灵的控制代码。比如，通道 2 所对应的舞台位置上的精灵代码只需修改成：

```
if getAt(M,i)=2 then
set x to the memberNum of sprite gEmpty
```

```
set the memberNum of sprite gEmpty to the memberNum of sprite 2
set the memberNum of sprite 2 to x
updateStage
set gEmpty=2
```

步骤 13 所有精灵代码编辑完毕后的剧本与演员表窗口如图 6-68 所示，可以看到此时的演员表窗口中多出了很多行为演员，这都是编写的一段段代码。

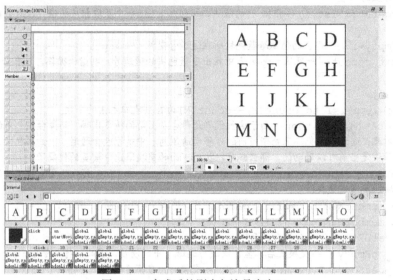

图 6-68 完成后的剧本与演员表窗口

步骤 14 执行 Control→Play 命令对游戏进行测试，最后执行 File→Save As 命令保存游戏源文件。

总结与提高

Lingo 语言是一种高级编程语言，对于曾经学习过计算机编程语言的用户来说，它并不是一种非常难于理解的编程语言；而对于非计算机类学科，特别是从来没有过编程经历的用户，它不失为一种非常良好的启蒙编程语言，原因是 Lingo 语言在编程语法上非常接近普通英语语法，可以轻松地从字面理解命令的用途。

习 题

一、选择题

1. （　　）是编辑和调试 Lingo 语言的窗口。

　　A. 文本输入框　　　　B. 脚本编辑器　　　　C. 图片编辑器　　　　D. 时间轴

2. Lingo 命令行的注释符号为（　　）。

　　A. //　　　　　　　　B. 、、　　　　　　　C. —　　　　　　　D. **

3. 使用 Lingo 脚本有两个目的：一是将程序分出层次以便于管理；二是（　　）以使程序具有交互的特性。

A. 响应 Director 中发生的事件　　　　B. 响应 Director 中发生的命令
C. 完成用户的指令　　　　　　　　　D. 进行数据交换

4. 对于任何一个程序中的命令请求，如鼠标的单击事件、移动、键盘按下等，都可以成为一个（　　）。

A. 操作　　　　　B. 过程　　　　　C. 事件　　　　　D. 项目

二、实践操作题

用 Director 的 Lingo 语言编写：

1. 球从空中落下并弹跳多次的动画效果。
2. 小鸟在天空飞翔的动画效果。

三、视频操作训练

1. 扫描下方二维码，制作平均成绩视频。
2. 扫描下方二维码，制作交换动画。

计算平均成绩

交换动画效果

四、拓展训练

任意设计一个 Lingo 语言编写的动画片。

项目7　Dreamweaver静态页面制作

本项目是以"制作个人主页"为基础要求,通过对网页制作软件 Adobe Dreamweaver 2020 的熟练运用,掌握建立网站、网页文字编辑、图像及多媒体应用管理、超链接管理和表格的运用等技能。

项目提出

小张是一名大三学生,他经常在课余时间上网。在网络遨游的过程中,他发现每一个网站都有自己的特色:有综合类网站、信息服务类网站、医疗网站、教育网站等。因此,小张同学想从未来的职业角度出发,学习制作一个以自我介绍为主的个人主页,但是对于网站制作的流程、方法、所使用的技术手段等均不是很了解,为此,他找到计算机系的王老师,并请教了下列问题:

(1)如何制作个人网站。

(2)制作网站的流程。

(3)网站的布局设定。

(4)网站制作过程中的技巧。

王老师针对小张同学提出的几点问题并结合小张的实际个人情况,对其个人主页制作进行了相关分析,以下是王老师提出的各种见解和方法。

项目分析

要制作网站或者网页,可以使用专业的网站制作工具 Adobe Dreamweaver 2020。Dreamweaver 网页制作软件最早是由 Macromedia 公司开发的网站开发管理工具。强大的 HTML 编辑功能和所见即所得的编辑管理模式,使得该软件在目前的应用领域占据了非常高的地位。自从 Macromedia 被 Adobe 公司收购后,Dreamweaver 系列软件全部更名为 Adobe Dreamweaver 系列,并开发了基于 Mac 和 Linux 的版本。

从 1997 年 Macromedia 公司发布的 Dreamweaver 1.0 版本到 2005 年发布的 Dreamweaver 8 版本,由于缺乏先进的技术手段,网站制作都是采用表格嵌套表格的形式,对于网站的定位控制比较欠缺。而 2020 年发布的 Dreamweaver 2020 对于 DIV+CSS 的支持比较好,能够较完善地制作一个网站。

通过 Dreamweaver 2020 的运用,可以大大提升网站制作的效率,增强多个软件的操作结合的便捷性,加强网站内容的管理,对最新的辅助软件和程序的兼容性大大增强等。

在制作个人主页时,要先明确定位,即网站所表现出的最主要的主题,然后收集相关的个人资料，例如个人介绍的文字内容、背景图片、人物照片、音乐、动画等素材。

做完基础的准备工作后，要对网站的架构进行设计。王老师替小张同学设计了如图 7–1 所示的网页布局。可以在网页的上方放置个人形象的照片、个人的标志等。网页右侧为整个网站的导航条，其中包含"我的介绍""我的兴趣""我的视频""我的照片"等信息。网页中间部分为主要文字区域，可以显示相关的文字介绍，并可以配上个人喜欢的背景图片。网站的下方为超链接区域，可以用来链接到其他网站，以相互提高网站的访问量。目前使用 Adobe Dreamweaver 2020，它提供了一套直观的可视界面，供创建和编辑网站和移动应用程序。使用专为跨平台兼容性设计的自适应网格版面创建网页。在发布网页前，可使用"多屏幕预览"来审阅设计。

图 7–1　网页设计框架

在这个架构设计的基础上，通过使用 Dreamweaver 2020 制作个人介绍网站，可以通过新建文档→空模板→HTML 模版。然后在创建的页面中根据实际的情况进行网页编辑，如图 7–2 所示。

网页编辑完成后，在确保网页文字内容和超链接等信息完整无误以后，就可以保存网站并且在互联网上进行发布（必须先在互联网上申请相应的空间和域名），如图 7–3 所示。

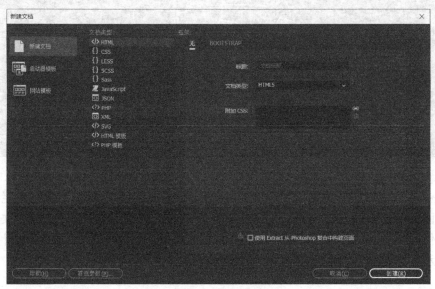

图 7–2　框架模板

图 7-3　初步完成的主页

 相关知识点

一、Dreamweaver 2020 工作界面

启动 Dreamweaver 2020 软件后，用户首先看到的是该软件的开始页面，可以在此选择新建文件的类型，或者打开最近使用的文档，如图 7-4 所示。

图 7-4　Dreamweaver 2020 开始页面

Dreamweaver 2020 的工作界面主要由 5 部分组成，分别是插入面板、文档工具栏、文档窗口、属性面板和控制面板组，该软件的操作环境简洁明快，功能面板伸缩自如及多文档的编辑界面，不仅可以降低系统资源的占用，而且可以同时编辑多个文档，大大提高了设计效率，如图 7-5 所示。

图 7-5　Dreamweaver 2020 工作界面

二、功能面板

下面介绍界面中各组成部分的功能。

（1）标题栏：显示当前编辑文档的路径和文件名。

（2）菜单栏：该栏包含了设计和开发网站的所有命令。

（3）插入面板：该面板用于创建和插入对象（如表格、层、表单、文本和图像）。插入面板中又包含"HTML""表单""Bootstrap 组件""jQuery Mobile""jQuery UI"及"收藏夹"等面板。

（4）文档工具栏：该栏包含一些比较常用的文档按钮，可以在不同视图，如"代码"视图、"设计"视图和"拆分"视图（同时显示"代码"和"设计"视图）间快速切换；还包含一些与查看文档、在本地和远程站点间传输文档有关的常用命令及选项。

（5）文档窗口：显示当前创建和编辑的文档。设计网页的工作就是在这里进行的。

（6）面板组：面板组可以设置为浮动的面板，其中包含"CSS""应用程序""标签检查器""文件""框架""历史记录"等面板，用户也可以根据自己的习惯重新指定其他面板。

（7）面板组开关：用来显示和隐藏面板组。隐藏面板组状态下，可以使文档窗口最大化地显示所有内容。

（8）状态栏：位于文档窗口的下方，其左侧是显示代码标签的主要位置，在此可以选择文档中的代码标记；右侧包含"选取工具""手形工具""缩放工具""设置缩放比例""窗口大小"和"下载时间"等功能。

（9）属性面板：用于查看和更改所选对象（或文本）的各种属性。属性面板中的内容根据选定的元素不同会有所不同。

三、工具栏

工具栏是常用工具面板上功能性按钮的组合体，有着明晰、便捷的效用，可快速地单击按钮实现网页制作。工具栏包括文档工具栏、标准工具栏和通用工具栏，它主要显示在文档窗口的顶部和左侧，也可游离在界面中的任何一个地方，如图7-6~图7-8所示。

图 7-6　Dreamweaver 2020 文档工具栏

图 7-7　Dreamweaver 2020 标准工具栏

图 7-8　Dreamweaver 2020 通用工具栏

1. 文档工具栏

"文档"工具栏包含用于切换代码视图、拆分视图（即代码和设计均一半）和设计视图。当鼠标指针移动到一个按钮上时，会出现一个该工具按钮的提示名称。文档工具栏中包含了一些常用的文档按钮，具体说明如下：

（1）代码显示视图 代码 ：表示仅在"文档"窗口中显示"代码"窗口。

（2）设计显示视图 设计 ：表示仅在"文档"窗口中显示"设计"视图。

（3）实时代码 拆分 ：表示在"文档"窗口中既有显示"代码"视图的部分，又有显示"设计"视图的部分。

2. 标准工具栏

该工具栏中包含"文件"和"编辑"菜单中常用的操作按钮，如打开、保存、打印代码等，具体说明如下：

（1）新建 ：新建一个网页文档。

（2）打开■：打开已经保存的网页文档。

（3）保存■：保存当前编辑文档。

（4）全部保存■：保存 Dreamweaver 中打开的所有网页文档。

（5）打印代码■：打印当前网页代码。

（6）剪切■：剪切被选中的文字或图像内容。

（7）粘贴■：将复制或剪切的内容粘贴到光标所处的位置中。

（8）撤销■：撤销前一步的操作。

（9）重做■：重新恢复撤销的操作。

3. 通用工具栏

通用工具栏包含用于编码时需要的常规的按钮。当鼠标指针移动到一个按钮上时，会出现一个该工具按钮的提示名称。根据功能的特点，有些按钮在代码视图下才能全显示出来，还可以通过单击通用工具栏下侧的■按钮来自定义自己需要的工具。

（1）打开文档■：表示可以打开你创建的文档。

（2）文件管理■：可显示或使用"文件管理"弹出菜单。

（3）实时代码■：能将编写的代码和展现的效果相匹配。

（4）折叠完整标签■：用于折叠标签。

（5）折叠所选■：用于折叠所选的目标。

（6）扩展全部■：表示扩展全部。

（7）选择父标签■：表示选取父标签。

（8）格式化源代码■：表示应用代码格式。

（9）应用注释■：表示添加注释。

（10）删除注释■：表示删除注释。

（11）选取当前代码段■：表示选取当前代码段。

（12）缩进代码■：表示将所选中的代码向后缩进一格。

（13）突出代码■：表示将所选中的代码向前突出一格。

（14）检查页面■：表示使使用者可以在实时视图检查跨浏览器兼容性。

（15）最近的代码片段■：显示最近的代码片段。

（16）移动或转移 CSS■：允许启用或禁用 CSS 样式。

四、网站基本要素

1. 网页文本

互联网上的信息以文本为主，主要是表达信息的内容和含义。

2. 图片

网站中经常使用的图片的类型主要有 GIF、JPEG 和 PNG 等，由于考虑到网站的流量和网速的关系，其中使用较多的是 GIF 和 JPEG 两种格式。

3. 超链接

超链接属于网站的一部分，可以与其他网站进行相互链接的元素，表达了一个站点指向另外一个页面或者站点的连接方式。除了网站页面，开业可以是相同网站上的不同位置，包括有

E-mail 地址、图片、文件、程序等。

4. 动画、声音和视频

为了更有效地吸引浏览者的注意，使得网站更加富有动感，很多网页都采用动画形式来浏览或者作为网页的背景。常见的动画有 GIF 动画和 Flash 动画。

声音和视频是整个网站的多媒体表现的重要形式之一，常见的声音文件的格式为 MIDI、WAV、MP3 和 AIF 等。

5. 表格

在网站制作的过程中，通常在网站中使用表格用来控制网页中信息的布局方式。通过使用行、列的分布形式来整合并布局网页中的文本和图像以及其他的列表化数据，同时可以非常精确地控制各种网站元素在网页中出现的位置。

6. 表单

表单是用户在浏览器客户端输入相应的文本文件、Web 页、电子邮件等信息，然后将该信息以表单等形式发送至网站的服务器端的一个形式，一般用于收集客户的个人联系信息、要求、建议、意见等。

7. HTML

HTML（Hypertext Markup Language）是超文本标记语言，主要用于描述网络中的网页文档的一种标记语言。HTML 是一种标准规范通过标记符号来标记要显示的网页中的各个部分。HTML 在标记时，可以标注很多网页元素，包括图片、声音、视频、文字等。同时，其文本中还包含了 URL 指针，通过激活 URL，可使浏览器方便的浏览新网页。基本的 HTML 标记有：

（1）标记网页的开始\<html>。

（2）标记头部的开始\<head>。

（3）标记头部的结束\</head>。

（4）标记页面正文开始\<body>。

（5）标记正文结束\</body>。

（6）标记该网页的结束\</html>。

项目实现

任务1 创 建 站 点

正式创建网站之前，需要准备相关素材并策划网站的架构，下面介绍在网页制作软件 Dreamweaver 2020 中创建站点的具体操作步骤。

目的：掌握创建站点的技巧。

要点：通过操作，明白站点的重要性。

步骤 1 在本地计算机中创建一个名为 SS 的文件夹（本例将 C:\Users\仁者长青\Desktop\SS 定义为本地站点），用来存放 Web 站点文件。

步骤 2 启动 Dreamweaver 2020，执行"站点"→"新建站点"命令，在弹出的"站点设置对象"对话框中输入站点名称 KK，如图 7-9 所示。

网站的创建管理

步骤 3　单击"保存"按钮创建新站点。

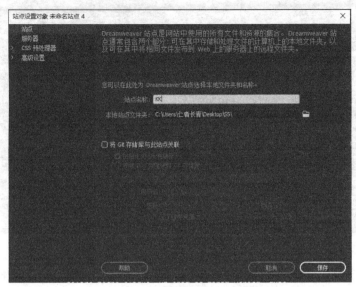

图 7-9　"站点设置对象"对话框

任务 2　网页文本应用

创建一个多媒体网站,并将网站上的标题文字设置为加粗、居中、楷体、36 px,将菜单文字更改为左对齐、黑体、24 px,如图 7-10 所示。

目的:掌握属性面板的操作。

要点:通过操作,明白属性面板的重要性。

图 7-10　网页样张

步骤 1　启动 Dreamweaver 2020,执行"文件"→"新建"→"空白页"命令,在"新建文档"对话框中"文档类型"下拉列表中选择 HTML 选项,如图 7-11 所示。在网页编辑区域输入文字 Be Better,选中该文字,右击并选择字体,单击编辑字体列表。

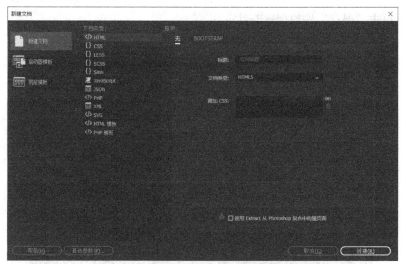

图 7-11　新建 HTML

步骤 2　在打开的"管理字体"对话框中，选择"楷体"选项，单击选择添加按钮 ▇▇▇ 将其添加到"选择的字体"栏中，单击"完成"按钮，如图 7-12 所示。

步骤 3　选中 Be Better 等文字，在属性中单击 CSS，字体设置为楷体，如图 7-13 所示。

步骤 4　在打开的"新建 CSS 规则"对话框中，选择上下文选择器类型为"复合内容（基于选择的内容）"选项，单击"确定"按钮，如图 7-14 所示。

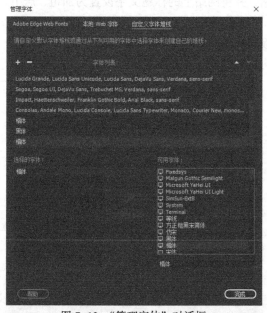

图 7-12　"管理字体"对话框

图 7-13　字体"属性"面板

图 7-14　"新建 CSS 规则"对话框

步骤 5　在"属性"面板中，单击"加粗"按钮，设置大小为 36 px，单击"居中对齐"按钮，如图 7-15 所示。

步骤 6　在标题下方输入"多媒体设计类型、多媒体设计要点、多媒体设计色彩"等文字。字体属性设置为黑体，大小为 24 px，左对齐，如图 7-16 所示。

图 7-15　设置 CSS 属性

图 7-16　设置字体属性

注意：下面对"属性"面板部分功能进行说明。

（1）链接：可使用户创建所选文本的超文本链接。方式有：输入 URL；单击文件夹图标 浏览到站点中的文件；将"指向文件"图标 拖到"站点"面板中的所选文件；或将所选文件从"站点"面板拖到框中。

（2）目标：可使用户指定将链接文档加载到框架或窗口中。其方式有：

① _blank：将链接文件加载到未命名的新浏览器窗口中。

② _parent：将链接文件加载到包含链接的父框架页或窗口中。

③ _self：将链接文件加载到链接所在的同一框架或窗口中（默认项）。

④ _top：将链接文件加载到整个浏览器窗口中，并由此删除所有框架。

（3） 项目列表：可创建所选文本的项目列表。

（4）![编号列表]编号列表：可创建所选文本的编号列表。若未选文本，则启动一新的编号列表。

（5）缩进![缩进]和凸出![凸出]：可对所选文本设置"缩进"或"凸出"在列表中，单击缩进则创建一个嵌套列表，单击删除缩进则取消嵌套列表。

任务3　图像的应用

打开任务 3 的素材 index.html 文件，并做插入及编辑图像操作，最终效果如图 7-17 所示。

图 7-17　网页样张

步骤 1　打开"素材"→"index.html"文件，如图 7-18 所示。

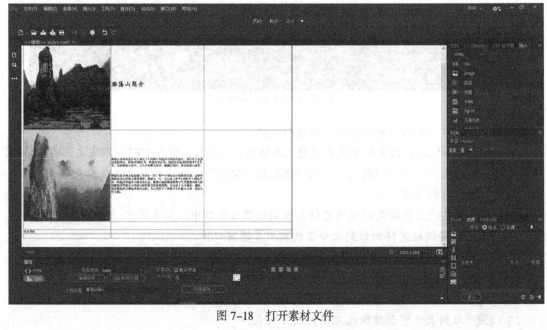

图 7-18　打开素材文件

步骤 2　将光标定位在要插入图像的第一行第三个单元格内，单击"插入"面板，选择"HTML"选项卡，单击"Image"按钮🖼，在弹出的对话框中选择素材"my/images/zhou3.jpg"文件，单击"确定"按钮。插入图像后的效果如图 7-19 所示。

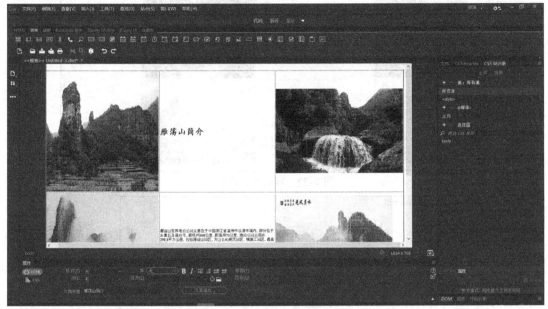

图 7-19　插入图像

步骤 3　单击步骤 2 插入的图像，在"属性"面板中设置"宽"和"高"分别为 500 px 和 500 px，在"替换"右侧的文本框中输入"美丽的雁荡山"，为图像添加说明文字，如图 7-20 所示。

图 7-20　设置属性

步骤 4　通过"属性"面板可以调节图像的亮度和对比度，保持图像的选取状态，单击"属性"面板，设置亮度和对比度🖼，在弹出的对话框中进行设置，如图 7-21 所示。

图 7-21　调节图像的亮度及对比度

步骤 5　保存文档，按【F12】键预览效果，如图 7-22 所示。

步骤 6　插入图像对象，将光标定位在放置 logo 的第三行第二格单元格内，单击"插入"→"Image"按钮🖼，在弹出的对话框中选择 zhou5.jpg 文件，如图 7-23 所示。在"属性"面板中设置 ID 为 logo，"宽度"和"高度"分别设置为 620 和 203，"替换"文本框中输入"敬请关注"，属性设置和效果如图 7-24 和图 7-25 所示。

图 7-22　网页预览效果

图 7-23　插入图像

图 7-24　设置 logo 属性

图 7-25　插入 logo 后的效果

步骤 7　插入鼠标经过图像。将光标定位在导航条第二行的第三格单元格内，单击"插入记录"→"图像对象"→"鼠标经过图像"命令，在弹出的"插入鼠标经过图像"对话框中设置"原始图像"为"01a.jpg"，文件位置为"素材/images/01a.jpg"，设置"鼠标经过图像"文件位置为"素材/images/01b.jpg"，如图 7-26，效果如图 7-27 所示。

图 7-26　"插入鼠标经过图像"对话框　　　　　　图 7-27　鼠标经过的效果

最后在"页面属性"对话框中设置#f0e0d0，如图 7-28 所示。

图 7-28　设置页面属性

任务 4　多媒体效果设计

在网站中插入一个 Flash 动画及声音文件，使网页呈现动态的多媒体效果，如图 7-29 所示。

图 7-29　网页样张效果

步骤 1 打开任务 4 的 index.htm 文件，将光标定位于表格左侧，单击"插入"菜单，如图 7–30 所示。

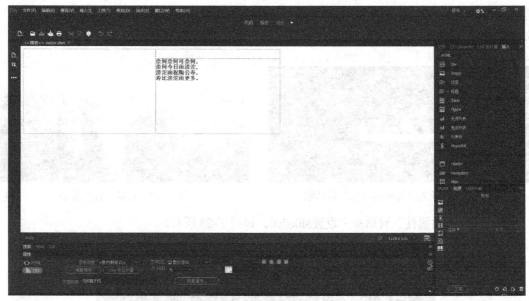

图 7–30　打开 index.html 文件

步骤 2 单击 HTML→Flash Video 选项，选择相应 Flash 文件 flash.swf，单击"确定"按钮，如图 7–31 和图 7–32 所示。

步骤 3 在弹出的"对象标签辅助功能属性"对话框中，"标题"文本框内输入"音乐"，如图 7–33 所示。

步骤 4 打开"属性"面板，输入宽 550、高 400，选择"自动播放"和"循环"复选框，如图 7–34 所示。

步骤 5 将插入点置于要插入音频的位置，单击"插入"→"HTML"→"插件"命令，选择相应音频文件，单击"确定"按钮，如图 7–35 和图 7–36 所示。

图 7–31　选择 SWF

图 7–32　选择文件

图 7-33 "对象标签辅助功能属性"对话框

图 7-34 设置 SWF 属性

图 7-35 选择"插件"命令

图 7-36 插入音频

步骤 6 打开"属性"面板,输入宽 330、高 37,在"对齐"下拉菜单中选择"顶端"选项,如图 7-37 所示。

图 7-37 设置插件属性

任务 5　超链接的应用

1. 文本超链接

创建文本链接的方法非常简单，只要在"属性"面板中指定链接文件即可。

步骤 1　打开任务 5 的素材 index.html 文件，选中页面右上角的"帮助"按钮，如图 7-38 所示。

图 7-38　选择"帮助"链接

步骤 2　单击"属性"面板"链接"右侧的"浏览文件"按钮，在弹出的"选择文件"对话框中选择要链接的文件，选择完成，单击"确定"按钮，如图 7-39 所示。

图 7-39　选择文件

还有一种简单的方法，直接在"链接"右侧文本框中输入链接地址即可，如图 7-40 所示。

图 7-40　设置链接地址

步骤 3　保存文档，按【F12】键预览效果，单击主页面右上角的"帮助"链接，即可进入链接的页面，如图 7-41 所示。

图 7-41　网页效果

2. 图像超链接

创建图像链接的方法与创建文本链接的方法类似，其具体操作步骤如下：

步骤 1　单击文档底部的"我的玩具"对应的图片，单击"属性"面板，单击"链接"右侧的文本框，输入链接网站地址 toy.html，如图 7-42 和图 7-43 所示。

图 7-42　选择图片　　　　　　　　　　　　　　　图 7-43　设置链接地址

步骤 2　保存文档，按【F12】键预览效果，单击"我的玩具"图片，即可进入链接的页面，如图 7-44 所示。

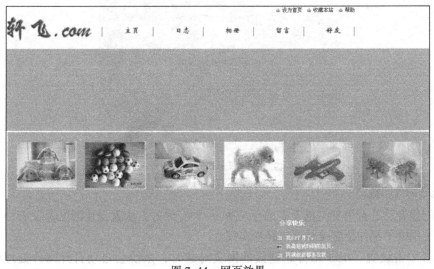

图 7-44　网页效果

3. 热点链接

前面介绍的图像链接是一张图只对应一个链接，但有时需要在一张图上创建多个链接以便打开不同的网页，这就用到了热点链接。其具体操作步骤如下：

步骤 1　单击网页中的图像，单击"属性"面板中"椭圆形热点工具"按钮，拖动鼠标绘制椭圆形热点，单击"属性"面板，在"链接"右侧的文本框中输入链接地址 ten.html（或者单击右侧的■按钮，选择对应的文件），在"替换"右侧的文本框输入"这花真漂亮！！！"，如图 7-45～图 7-47 所示。

图 7-45　单击"椭圆形热点工具"按钮

图 7-46　绘制椭圆形热点

图 7-47　设置属性

步骤 2　保存文档，按【F12】键预览，光标放在创建热点的位置时，显示文字说明"这花真漂亮！！！"，效果如图 7-48 所示。

注意：用类似的方法，可以创建矩形热点和多边形热点，如图 7-49 所示。

图 7-48　创建热点的效果

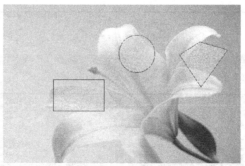

图 7-49　创建矩形热点和多边形热点

4. 电子邮件超链接

网站创建者总是希望与浏览者多进行互动，一种有效的方法就是让浏览者发送 E-mail 给自己，这时使用电子邮件超链接就可以轻松实现。

浏览者单击设置了电子邮件超链接的网页对象时，系统会自动打开邮件处理软件，如

Outlook Express，收件人自动设置为网站创建者的邮箱地址，以方便浏览者反馈信息。其具体操作步骤如下：

步骤 1　在网页文档底部选择"写信给我"，单击"属性"面板，在"链接"文本框中输入 mailto:和邮件地址，这里输入 mailto:houtianfacai@163.com，如图 7-50 所示。

图 7-50　设置邮件超链接

步骤 2　保存文档，按【F12】键预览效果。此时，单击"写信给我"链接，会自动打开写信软件，如图 7-51 所示，浏览者可直接写信并发送。

图 7-51　打开 Outlook Express 软件

任务 6　表格的应用

利用表格及表格嵌套制作一个音乐主题的网页，最终效果如图 7-52 所示。

步骤 1　启动 Dreamweaver 2020，新建一个空白网页。将光标定位于网页中，单击"插入" HTML→"Table"命令，在弹出的对话框中输入行数 3、列数 2，表格宽度为 500 像素，单击"确定"按钮，如图 7-53 所示。

步骤 2　拖动表格边框调整到适合的大小，将光标定位于右侧表格，选中第二列所有单元格。打开"属性"面板，单击"合并所选单元格" 按钮，合并单元格，如图 7-54 所示。

多媒体技术与应用

图 7-52　表格应用举例

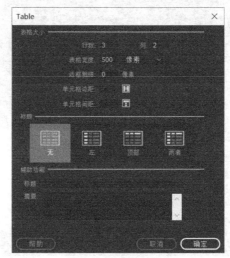

图 7-53　插入表格

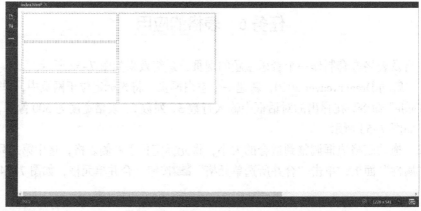

图 7-54　合并单元格

步骤 3　选中第二列单元格，打开"属性"面板，单击"拆分单元格为行或列" 按钮，在弹出的"拆分单元格"对话框中设置拆分成列，列数为 2，单击"确定"按钮，拖拉边框调整大小，如图 7-55 和图 7-56 所示。

图 7-55　设置拆分单元格参数

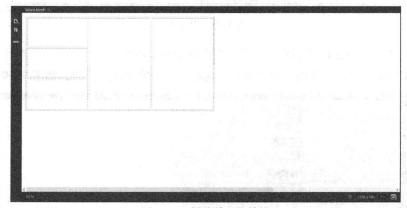

图 7-56　拆分单元格效果

步骤 4　选中左侧一列单元格，打开"属性"面板，"背景颜色"设置为 #00FFCC，选择中间与右侧的单元格，打开"属性"面板，"背景颜色"设置为 #32CCFE，"垂直"下拉菜单中选择"顶端"选项，如图 7-57 所示。

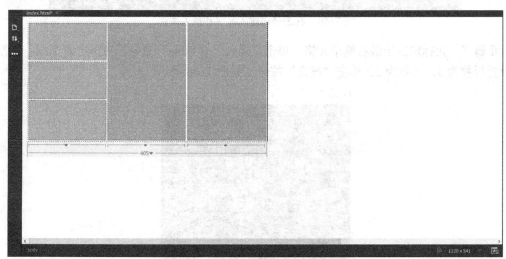

图 7-57　设置单元格背景颜色

步骤 5　选中所有单元格，右击选择"表格""插入行"命令，如图 7-58 所示。

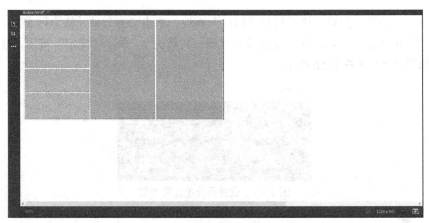

图 7-58　插入行

步骤 6　在左侧单元格分别输入文字，在中间的单元格中插入相应图片（图片在素材项目 7 任务 6 的文件夹中），打开图片的"属性"面板，设置宽 108，高 77，如图 7-59 所示。

图 7-59　在表格内输入文字和插入图片

步骤 7　光标定位于最右侧单元格，单击"插入""Table"命令，在弹出的 Table 对话框中设置行数为 3，列数为 2，单击"确定"按钮，如图 7-60 所示。

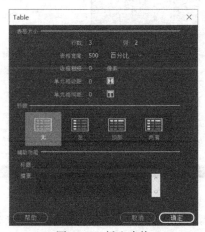

图 7-60　插入表格

步骤 8　选中第一行单元格，打开"属性"面板，选择"合并单元格"按钮，分别将第一、第三行单元格依次合并，如图 7-61 所示。

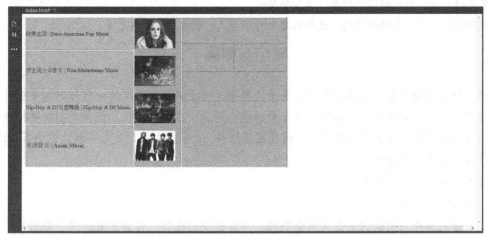

图 7-61　合并单元格

步骤 9　在第一行内输入"音乐无国界"，并在"属性"面板中的"水平"下拉菜单中选择"居中对齐"选项。在第二行两个单元格内分别输入文字，并在"属性"面板中单击"粗体"按钮**B**，对文字进行加粗。

步骤 10　光标定位在最后一行，打开"插入"→"Image"命令，选择"钢琴.jpg"素材，单击"确定"按钮，打开图片的"属性"面板，设置合适的宽和高，效果如图 7-62 所示。

图 7-62　完成的表格

注意：下面对表格中常见的一些基本属性参数进行说明。

行数：确定创建表格有几行。

列数：确定创建表格有几列。

表格宽度：设置表格的宽度，单位有"像素"和"百分比"之分，默认为像素。若选择百分比，则缩放浏览器的大小后表格会变形。

边框粗细：创建表格边框的宽度，以像素为单位，输入数字 0 表示无边框。

单元格边距：指单元格内容和单元格边框间的距离，以像素为单位。

单元格间距：单元格间的距离，单位为像素。

辅助功能：输入表格的标题、选择标题的对齐模式、输入摘要等信息等。

总结与提高

个人网站的制作要充分反映出网站的个人特色，要求能够有充足的内容和形式来吸引访问者的注意力，让访问者在视觉感官上产生舒适感。因此，在网站设计、创作之初就要将整体架构和网页设计以及每个元素相互关联，做到紧密结合。以此将主题的定位、网站的内容、设计、形式等综合效果体现出来。

在制作网站时，要注意下列几方面：

1. 明确网站主旨

在制作网站前，网站的主题必须要明确，本站提供的内容、咨询主要是哪个方面的，会产生哪些影响等。同时在网站建立初期，要做到定位精确、内容精准，要创立出明确的自身的特色，不要试图做包罗万象的页面，否则容易失去本身的特色。

2. 确定网站页面

网站的首页是浏览者打开网页看到的初始页面，对该页面的印象预示着整个网站的成败，因此，在确定网站页面的时候要充分考虑网站的栏目与板块编排、目录结构与链接结构、色彩和内容的安排等要素。

3. 明确网站风格

通过对网站的站点标志设计、颜色设计等来明确自己网站的风格。例如商业化的、卡通形式的、艺术类等不同的主题风格，从而给访问者在访问时明确第一印象，进而产生较为强烈的视觉冲击力。

4. 有新颖的内容

要制作一个非常精美的网站，必须要有特别的创意，做到别具一格。要具有独特的创意，使得网站的虚体和实际社会的实体相结合，在体现优秀的创意的同时，精彩的内容可以不断吸引浏览者访问该站点。

习　题

一、选择题

1.　（　　）是 HTML 文件的扩展名。

　A. .jpg　　　　　B. .html　　　　　C. .asp　　　　　D. .bmp

2.　（　　）不是 Dreamweaver 2020 的工具栏。

　A. 样式呈现　　　B. 文档　　　　　C. 标准　　　　　D. 格式

3.　在 Dreamweaver 2020 窗口的工作区布局中，为应用程序开发人员设计的布局类型是（　　）。

　A. 编码人员　　　　　　　　　　　B. 经典

　C. 设计人员　　　　　　　　　　　D. 应用程序开发人员

4. 在 Dreamweaver 2020 中，打开实时视图的快捷键是（　　　）。

　A. 【Alt+F8】　　　　　　　　　　B. 【Alt+F9】

　C. 【Alt+F10】　　　　　　　　　　D. 【Alt+11】

5. 在 HTML 中，标记头部的开始的是（　　　）。

　A. <head>　　　　　　　　　　　　B. <body>

　C. </body>　　　　　　　　　　　　D. <html>

二、实践操作题

利用框架页面并结合文字、图片、超链接、表格等方式制作一个个人网页，其布局整体结构是：页面上方为标题（logo）区域；页面左侧为导航条，可以显示网站导航信息；页面中间为文字及图片区域，可以显示网站的内容；页面底部为超链接区域，可以用来链接外部页面，如图 7-63 所示。图片仅供参考，具体内容和式样可以根据实际情况自行更改或调整。

图 7-63　网站样张

三、拓展训练

制作一个表单网页，该表单页面提供用户注册信息，如图 7-64 所示。

图 7-64　表单页面

提示：

通过新建菜单新建一个网站页面，然后选择"插入"菜单中的表单选项，以此根据图片中的内容插入相应的选项。

项目8　Dreamweaver动态网页制作

本项目是以掌握制作个人主页方法为前提，通过对网页制作软件 Adobe Dreamweaver 2020 的熟练运用，掌握网站制作中的层的应用、框架设计、表单设计、CSS 应用、行为应用、模板设计等方面的高级技能。

项目提出

小张同学通过王老师讲解静态网页制作方法后，已经基本掌握了个人网站的制作流程、网站的基本布局和一些网站制作的常规技巧，并且已经具备了网站制作的基本概念。但是通过互联网的访问后，他逐渐发现，很多网站上的内容形式丰富多彩，有些网站设计得非常巧妙且布局十分得当。若是仅仅通过已经掌握的静态网站制作知识，可能无法实现这些精美网站的设计。为此，他再一次找到计算机系的王老师，并请教了下列问题：

（1）什么是网站制作过程中的高级应用？

（2）如何精确控制网站内容在网页中的显示位置？

（3）什么是网站的布局设定的高级技巧？

（4）网站中的层、框架、表单、CSS、模板、行为等概念的含义。

王老师针对小张同学提出的 4 个问题并结合目前的实际情况和网站制作的先进技术，对其主页制作的高级应用进行了相关分析，以下是王老师提出的各种见解和方法。

项目分析

通过 Dreamweaver 2020 的基础学习，小王同学已经基本掌握了常规的一些操作方法，同时也掌握了一定的网页制作的概念。但是在网页制作中，如果想将网页的效果做到精益求精，必须在常规的制作基础上掌握 Dreamweaver 2020 的高级应用技巧。

在 Dreamweaver 2020 中，高级的应用包含了网页中的表单、CSS、模板、行为等技能的运用。由于这些技能涉及一定的 HTML 编程语言，因此在操作上具备一定的难度。所以，想要真正掌握网页制作的高级运用，将网站的最终效果和网站制作者本身的想法完全匹配，运用这些高级技巧是非常重要的。

在网站建立时，通常要遵循网站的规划原则：

（1）结构规划。设定好一个网站中包含的所有基础页面。

（2）分析定位。网站在互联网中的作用及其具体定位，并做网站的基本功能设计。

（3）素材收集。收集网页制作时所需要的素材，包括文本、图片、视频、音频、多媒体动画等。

网站制作时，应当充分考虑网页文件大小、分辨率、网页所包含的元素等，并且还需要通过框架、表单、CSS、层、模板和行为等的应用，使得网站达到最好的效果。

相关知识点

一、表单

在 Internet 上使用网页表单可实现浏览者同互联网服务器间的交互。表单是用户与服务器进行信息交流的主要工具，在网页中有着广泛的应用，如留言板、搜索引擎、注册程序等。通过表单，可使用户与站点的浏览者交互或者从浏览者那里收集信息。如用户可询问浏览者的用户名称、电子邮件地址或提供关于用户的站点信息反馈等。使用 Dreamweaver 2020 可以创建带有文本、密码、单选按钮、复选框、列表/菜单、图像、跳转菜单等表单对象的表单。

一个完整的表单交互包括两个环节：其一是在客户端通过表单收集访问者信息，并提交给服务器，此由 HTML 文件或 ASP、JSP、PHP 等文件完成；其二是服务器端的应用程序对这些信息加以处理。一个网页中可以有多个表单，但一个表单中不能嵌入其他表单。图 8-1 所示为网易 163 邮箱注册表单，是表单及其对象的具体应用。

图 8-1　网易 163 邮箱注册表单效果图

在 Dreamweaver 2020 中，表单的输入类型称为表单对象。可以通过选择"插入"→"表单"命令来插入表单对象，或者通过"插入"面板下"表单"条上的对象来插入表单对象。表单提供下列对象元素，如图 8-2 所示。

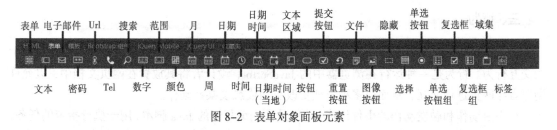

图 8-2　表单对象面板元素

（1）表单■：又称表单域，用来在文档中插入对象元素。Dreamweaver 2020 在 HTML 源代码中插入开始和结束 form 标签。任何其他表单对象，如文本域、按钮等，都必须插入两个 form 标签之中，这样浏览器才能正确处理触发行为。

（2）文本□：用来在表单中插入文本域。文本域可以接收任何类型的字母数字项。输入的文本可以显示为单行、多行或显示为项目符号或星号（用于保护密码）。

（3）按钮▭：用来在表单中插入文本按钮，在单击时执行任务，如提交或重置表单。可为按钮添加自定义名称或标签，或使用预定义的"提交"或"重置"标签之一。

（4）复选框☑：用来在表单中插入复选框。复选框允许在一组选项中选择多项，用户可以选择任意多个适用的选项。

（5）复选框组▦：用来插入共享名称的复选框的组合。

（6）单选按钮◉：用来在表单中插入代表互斥性选择的单选按钮，选择一组中的某个按钮，就会取消选择该组中的所有其他按钮。如用户可以选择"是"或"否"。

（7）单选按钮组▦：用来插入共享同一名称的单选按钮的集合。

（8）选择▤：用来使用户可以在列表中创建用户选项。在弹出式菜单中显示选项值，而且只允许用户选择一个选项。

（9）隐藏▭：用来在文档中插入一个可以存储用户数据的域。隐藏域使用户可以存储用户输入的信息，如姓名、电子邮件地址或购买意向，在该用户下次访问站点时使用这些数据。

二、CSS

层叠样式表（Cascading Style Sheet，CSS），通常又称"风格样式表（Style Sheet）"或者级联样式表，主要设计网站中的网页个性化风格。

CSS 是一系列格式设置规则，其主要用于控制网页元素的外观与风格设计。如链接文字未单击时是绿色，当鼠标移上去后文字变成红色且字体变大，这就是一种风格。还可以使用 CSS 控制 Web 页面中块级别元素的格式和定位。例如，可以设置块级元素的边距和边框、其他文本周围的浮动文本等。通过设立样式表，可以统一地控制网页中各对象的显示属性。使用 CSS 设置页面格式可将内容与表现形式分开。可以使用 CSS 样式面板创建和编辑 CSS 的规则和属性。

（1）CSS 样式的语法。CSS 样式表的句法格式如下：

HTML 标签{标签属性: 属性值;标签属性: 属性值;标签属性: 属性值;...}

（2）CSS 存在方式。CSS 样式在网页文档中的方式包括：外部文件方式、内部文档头方式、直接插入方式。三种方式各有妙用，主要的差别在于它们设置的对象规定的风格使用范围不同。

（3）CSS 设置的信息。CSS 样式可设置的主题信息包括类型属性、背景属性、区块属性、方框属性、列表属性、定位属性、扩展属性等。

三、行为

Dreamweaver 2020 提供了一种称为 Behavior（行为）的机制，帮助网页设计者构建页面中的交互行为。行为是一种运行在浏览器中的 JavaScript，设计者将其放置在网页文档中，以允许浏览者与网页进行交互，从而以多种方式更改页面或触发某些动作。

行为由动作和触发动作的事件组成。动作是预先编写好的 Java 脚本，用于执行指定的任务，例如，打开浏览器窗口、设置弹出信息及播放动画等；事件则是由浏览器为每个页面对象定义的，是浏览器生成的消息，指示该网页的浏览者执行了某种操作，例如当浏览者将鼠标指针移动到某个链接上时，浏览器会为该链接生成一个 onMouseOver 事件，然后，浏览器查看是否存在为 onMouseOver 事件设置的可调用的 JavaScript 代码，然后执行代码。在浮动面板组的"行为"面板中，用户可以先指定一个动作，然后指定触发该动作的事件，从而将行为添加到页面中。

1）常见行为动作

"动作"菜单列出了 Dreamweaver 中预置的一些常见行为动作，但有部分项目处于不可用状态，这可能是因为"显示事件"中的浏览器版本过低，也可能是因为当前页面上没有这些动作所对应的元素，如页面中没有"层"元素，则"拖动层"和"显示－隐藏层"这两个动作不可用。下面介绍几个常见的行为动作。

（1）交换图像与恢复交换图像。"交换图像"动作通过更改 IMG（图像）标签的 SRC（来源）属性将一幅图像变换为另一幅图像，而"恢复交换图像"动作则将变换的图像还原为其初始图像。这两个动作组合可以创建按钮鼠标经过图像和其他图像效果，使用"插入"→"图像对象"→"鼠标经过图像"命令会自动将"交换图像"和"恢复图像交换"行为添加到页面中。

（2）弹出信息。使用"弹出消息"动作可以设置一个带有指定消息的 JavaScript 警告框。因为 JavaScript 警告框只有一个"确定"按钮，所以使用此动作仅仅能提供信息而不能使用户做出选择。

（3）打开浏览器窗口。使用"打开浏览器窗口"动作可以在一个新窗口中打开 URL，并指定新窗口的属性，包括窗口大小、是否可调整大小、是否具有菜单栏及名称等。例如，可以使用此行为在访问者单击缩略图时在一个单独的窗口中打开一个较大的图像。

（4）拖动层。"拖动层"动作允许拖动页面中的"层"元素，可以指定拖动层的方向。若层在某个固定大小的目标中，还可以设置是否将层与目标对齐，当层受目标影响时如何处理等。

（5）控制 Shockwave 或 Flash。使用"控制 Shockwave 或 Flash"动作可以通过事件控制 Shockwave 或 Flash 电影的播放、停止、倒带等。

（6）播放声音。使用"播放声音"动作可以播放声音。例如，可在每次鼠标指针滑过某个链接时播放一段声音效果，或在页面载入时播放音乐剪辑。

（7）改变属性。使用"改变属性"动作可以更改对象的某个属性值，例如，样式、颜色、大小、层的背景颜色或表单的动作等。可以更改的属性是由浏览器决定的。

（8）时间轴。使用"时间轴"动作可以控制页面中时间轴的播放，此动作功能类似于"控制 Shockwave 或 Flash"动作。

（9）显示－隐藏层。"显示－隐藏层"动作可以显示、隐藏或恢复一个或多个层的默认可见性。此动作用于在用户与网页页面进行交互时显示信息，例如，当用户将鼠标指针滑过一个植物的图像时，可以显示一个层给出有关该植物的生长季节和地区，需要多少阳光，可以长到多大等详细信息。

（10）检查插件。使用"检查插件"动作可以判断访问者是否安装了指定插件，并决定是否转到其他页面。例如，若用户已经安装有 Shockwave 插件，可转到需要 Shockwave 的页面，否则转到其他页面。

（11）检查浏览器。使用"检查浏览器"动作可根据访问者使用的浏览器品牌和版本转到不同的页。例如，可将使用 Netscape Navigator 4.0 或更高版本浏览器的访问者转到一页，而将使用 Internet Explorer 6.0 或更高版本的访问者转到另一页，并让使用任何其他类型浏览器的访问者继续保持当前页面。

将此行为附加到页面的 body 标签中是非常有用的，它保证了兼容任何浏览器，这样，即使访问者关闭 JavaScript 功能来到该页面时，仍然可以查看到一些内容。

（12）调用 JavaScript。"调用 JavaScript"动作允许用户使用"行为"面板指定当发生某个事件时应该执行的自定义函数或 JavaScript 代码行。设计者可以自己编写 JavaScript 或使用 Web 上多个免费的 JavaScript 库中提供的代码。

（13）转到 URL。使用"转到 URL"动作可以在当前窗口或指定的框架中打开一个新页，此动作尤其适用于通过一次单击更改两个或多个框架的内容。

（14）预先载入图像。"预先载入图像"动作将在浏览器缓存中载入不会立即出现在页面上的图像，这样可防止图像变换时导致的延迟。

当然，除了 Dreamweaver 在行为面板中提供的一些基本行为动作以外，用户也可以在 Internet 上下载其他行为作为扩展行为使用。若用户对 JavaScript 比较熟悉，还可以自己编写行为动作。

2）常见行为事件

表 8-1 列出了行为设置的常用事件及简要说明。

表 8-1　常用事件及简要说明

事　件	应 用 对 象	说　明
onAbort	图像、页面等	载入操作中断时
onAfterUpdate	图像、页面等	对象更新之后
onBeforeUpdate	图像、页面等	对象更新之前
onBlur	按钮、链接、文本框等	从当前对象移开焦点时
onClick	所有元素	单击对象时
onDblClick	所有元素	双击对象时
onError	图像、页面等	载入图片出错时
onFocus	按钮、链接、文本框等	当前对象得到焦点时
onHelp	图像等	调用帮助时
onLoad	图像、页面等	完成载入图片或网页时
onMouseDown	链接图像、文字等	在对象区域按下鼠标键时
onMouseUp	链接图像、文字等	在对象区域释放按下的鼠标键时
onMouseOver	链接图像、文字等	鼠标指针指向对象区域时

续表

事 件	应 用 对 象	说 明
onMouseOut	链接图像、文字等	鼠标指针离开对象区域时
onMouseMove	链接图像、文字等	鼠标指针在对象区域内移动时
onReadyStateChange	图像等	对象状态改变时
onKeyDown	链接图像、文字等	键盘任意键处于按下状态时
onKeyPress	链接图像、文字等	键盘任意键按下时
onKeyUp	链接图像、文字等	键盘任意键释放时
onSubmit	表单等	提交表单时
onReset	表单等	重设表单时
onSelect	文字段落或选择框等	在文字段落或选择框选定某项时
onUnload	主页面等	离开页面时
onResize	主窗口等	改变浏览器窗口大小时
OnScroll	主窗口、多行文本框等	拖动浏览器窗口滚动条时

四、模板

一个成功的网站首先要具备自己独特的风格，才能够在茫茫的网站中脱颖而出，给人留下深刻的印象。但仅凭网站中的一两个较好的页面，很难收到良好的效果。因此，就需要整个站点内的页面体现出统一的风格。通过使用模板能够生成多个具有相似结构和外观网页，从而提高网页制作效率。

Dreamweaver 2020 中的模板是一种特殊类型的文档页面，它用于设计布局比较固定的页面。用户可以创建基于模板的页面布局，其扩展名为.dwt，存放在根目录下的 Templates 文件夹中。如果该文件夹在站点中不存在，Dreamweaver 2020 将会在保存新建模板时自动创建。

项目实现

任务1　表单的应用

创建一个大学生生活交流论坛调查表的表单，最终以 index1.html 保存在"我的文档"中，如图 8-3 所示。

目的：动态网站的制作方法及应用。

要点：掌握动态网页的语法及样式的操作。

步骤 1　打开 Dreamweaver 2020，依次单击"文件"→"新建"命令，选择"HTML"选项，无框架，单击"创建"按钮，如图 8-4 所示。

步骤 2　将光标定位于网页中，单击"插入"→"Table"命令，在弹出的对话框中输入行数 2、列数 2，表格宽度为 600 像素，单击"确定"按钮。拖动表格边框调整适合的大小，选中第一行单元格。打开"属性"面板，单击"合并所选单元格" 按钮，合并单元格，效果如图 8-5 所示。

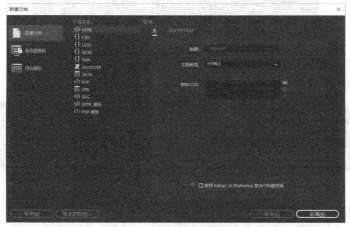

图 8-3　论坛调查表

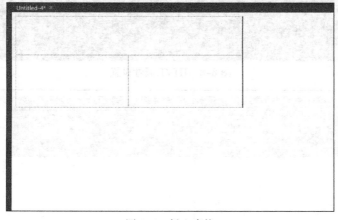

图 8-4　"新建文档"对话框

图 8-5　插入表格

步骤 3 光标定位于第一行表格，输入"大学生生活交流论坛调查表"文字且选中，选择"插入"→"Div"→"新建 css 规则"命令，在"选择器名称"下输入".42"，单击"确定"按钮，如图 8-6 所示。

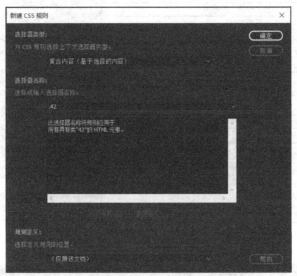

图 8-6 "新建 css 规则"对话框

步骤 4 选中"大学生生活交流论坛调查表"，打开 css 属性栏，"大小"设为 36，将"字体颜色"设置为#FF0。打开"HTML 属性"栏，设为粗体**B**，如图 8-7 所示。

图 8-7 css 属性设置

步骤 5 单击第一行任意地方，打开 HTML 属性栏，单击"页面属性"→"背景颜色"选项，设置为#669999，如图 8-8 和 8-9 所示。

图 8-8 HTML 属性设置

图 8-9 设置标题

步骤 6　将光标定位于表格第二行右侧，输入一段诗歌，参照步骤 3、4，将字体大小改为 14、加粗，将文本颜色改为#033。

步骤 7　单击表格内任意地方，单击"属性"面板，单击"页面属性"→"背景颜色"选项，设置颜色为#0F9，如图 8-10 所示。

步骤 8　将光标定位于表格第二行左侧，打开 HTML 属性栏，单击"页面属性"→"外观"选项，设置"背景颜色"为#09F，设置"文本颜色"为#006，如图 8-11 所示。

步骤 9　将光标定位于表格第二行左侧，单击"插入"→"Table"命令，在对话框中输入"行数"13，"列"为 2，"表格宽度"为 290 像素，"边框粗细"为 1，"单元格间距"为 1，单击"确定"按钮，如图 8-12 所示。

图 8-10　输入诗歌

图 8-11　页面属性设置

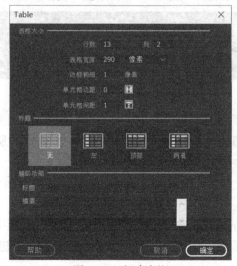

图 8-12　新建表格

步骤 10　选中第一行单元格，单击"属性"面板，单击"合并单元格"按钮，分别将第一、第二、第三、第四和最后一行单元格分别合并。

步骤11 在前四行单元格中输入文字，如图8-13所示。

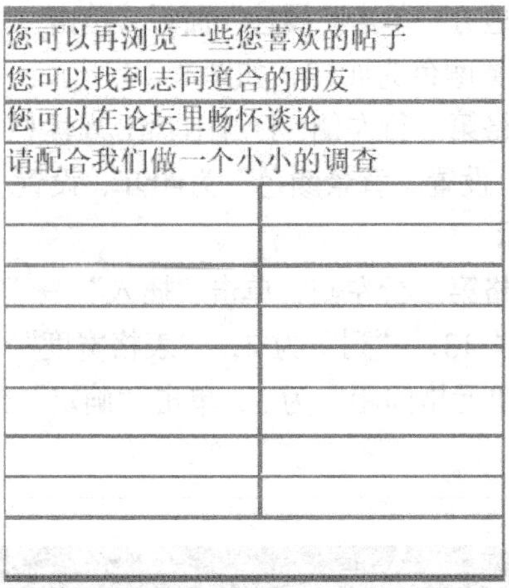

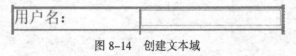

图8-13 合并单元格并输入文字

步骤12 创建一个单行文本框，将光标定位于第五行右侧单元格，单击"插入"→"表单"命令，选择"文本"命令█创建文本域。或者将插入点或光标放在希望创建文本域的位置，单击"插入"→"表单"命令，插入"文本"按钮。在第五行左侧单元格内输入"用户名："，如图8-14所示。

用户名：

图8-14 创建文本域

步骤13 修改文本框的属性，选中该单行文本框，打开"属性"面板，设置Name为username，"字符宽度"为10，"最多字符数"为17，"初始值"为空，如图8-15所示。

图8-15 设置文本域

步骤14 创建一个密码框，将光标定位于第六行右侧单元格，单击"插入"→"表单"→"密码"命令，在第六行左侧单元格内输入"密码："，如图8-16所示。

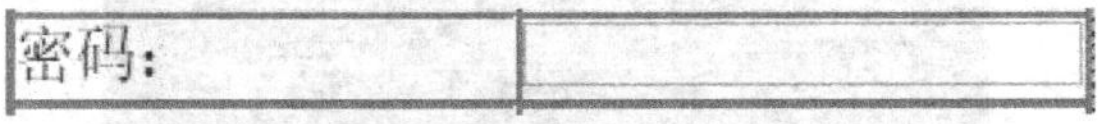

密码：

图8-16 创建密码域

步骤15 修改密码框的属性，选中该密码框，在"属性"面板中修改密码框的属性，设置Name为password，"字符宽度"为12，"最多字符数"为17，"初始值"为flora，如图8-17所示。

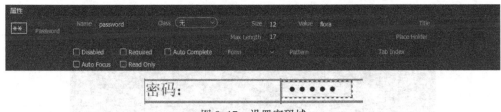

图 8-17　设置密码域

步骤 16　将光标定位于第七行右侧单元格，单击"插入"→"表单"→"单选按钮组"命令圈。

步骤 17　在弹出的"单选按钮组"对话框中，设置"名称"为 weizhi，"单选按钮"标签分别为"左"和"右"，单击"确定"按钮，创建单选按钮组，如图 8-18 所示。

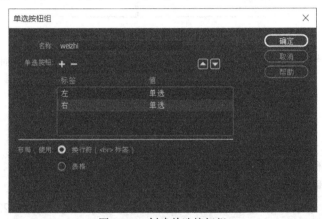

图 8-18　创建单选按钮组

步骤 18　分别选取两个单选按钮，单击"属性"面板，设置"value"为 1，"Checked"为未选中。在第七行左侧单元格输入"位置："，如图 8-19 所示。

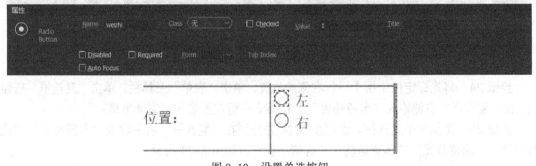

图 8-19　设置单选按钮

步骤 19　定位插入点或光标于第八行右侧，单击"插入"→"表单"→"选择"命令圈，或单击"表单"打开"插入"面板，单击"选择"按钮，在单元格左侧输入"学历："。

步骤 20　打开"属性"面板，单击"选择"按钮，在"列表值"下输入"博士"，单击十字添加按钮键，分别输入"硕士""本科""大专""大专以下"，如图 8-20 所示。

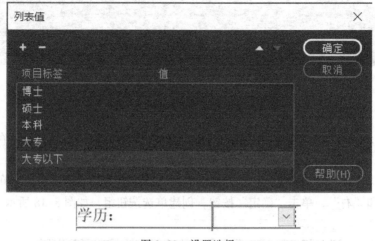

图 8-20　设置选择

步骤 21　参照步骤 12、13 添加"文本字段" ，在第九行左侧输入"邮箱："，如图 8-21 所示。

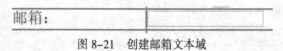

图 8-21　创建邮箱文本域

步骤 22　将光标定位在第十行右侧的单元格内，单击"表单"工具栏，选择"文件"按钮 ，此时文件就被插入到编辑窗口中，在第十行左侧输入"生活照片："。

步骤 23　单击"属性"面板，将文件域的名称修改为 photo，如图 8-22 所示。

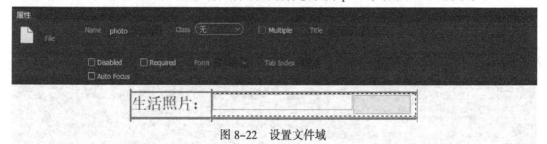

图 8-22　设置文件域

步骤 24　将光标定位于第十一行右侧的位置，单击"表单"工具栏，单击"复选框"按钮 ，在"复选框"右侧输入"卡通动漫"。在第十一行左侧输入"阅读类型："。

步骤 25　添加多个复选框。参照步骤 24 并分别在"复选框"右侧输入"卡通动漫""流行时尚""旅游观光""体育运动""言情小说"，如图 8-23 所示。

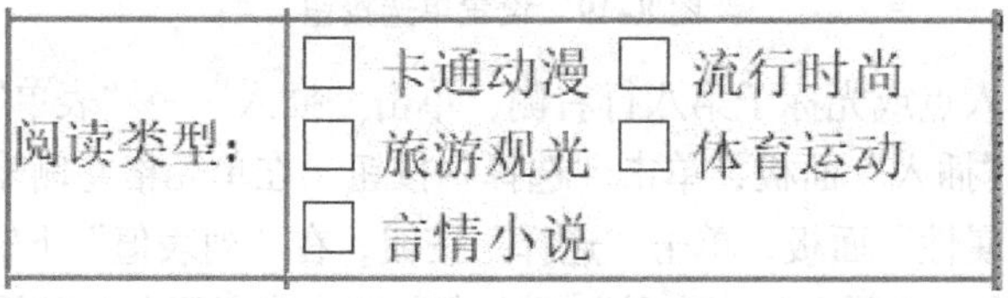

阅读类型：□ 卡通动漫　□ 流行时尚　□ 旅游观光　□ 体育运动　□ 言情小说

图 8-23　设置复选框

步骤 26　将光标定位于第十二行右侧，单击"表单"工具栏，单击"文本区域"按钮 ，打开"属性"面板，在 value 文本框中输入"让更多人了解你吧！"，在第十二行左侧输入"个人签名："如图 8-24 所示。

图 8-24　设置文本区域

步骤 27　将光标定位于最后一行，单击"插入"→"表单"→"提交"按钮☑。

步骤 28　将光标定于最后一行，单击"插入"→"表单"→"重置"按钮↩️，单击"保存"按钮，如图 8-25 所示。

图 8-25　设置按钮选项

任务 2　CSS 的应用

在 Dreamweaver 中，通常使用 CSS 来设置文本格式，CSS 样式可更加灵活并更好地控制页面外观（从精确的布局定位到特定的字体和文本样式）。通过菜单命令来完成新建、附加样式表、导出等操作，如图 8-26 所示。

图 8-26　Dreamweaver CSS 样式子菜单

打开实验素材 1 的 index1.htm，对网页创建并应用 CSS 规则，将网页右侧的文字设置为加粗、倾斜、18px 大小，效果如图 8-27 所示。

步骤 1　打开 index4.html，选中网页右侧文字，打开"属性"面板，设置 Div ID 为 test。选中"所有的结局……席慕蓉"等文字，右击并选择"CSS 样式"→"新建"命令，弹出如图 8-28 所示的"新建 CSS 规则"对话框。在"CSS 规则选择上下文选择器类型"下拉列表中选择 ID，并输入选择器名称为 test，单击"确定"按钮。

图 8-27　CSS 效果样张　　　　　　　　图 8-28　"新建 CSS 规则"对话框

步骤 2　设置倾斜和 18 px 大小的文字效果，如图 8-29 所示。

图 8-29　CSS 规则设置

步骤 3　当发生设置规则错误时，可以定位文档中需要删除样式的对象或文本，在"文本属性"面板中单击"样式"弹出式菜单，选择"无"选项即可删除。

任务 3　行为的应用

Dreamweaver 2020 为用户预设了一些行为动作，然后再为这些动作指定触发事件。通过行为功能可以使网页增加许多交互式的动态效果。在行为面板中双击已设置的行为动作可修改动作参数；当不同的行为动作被相同的事件触发时，需要用户指定各动作发生的次序，此时可使用行为面板中的"增加事件值"按钮▲和"降低事件值"按钮▼来调整行为顺序。

同时，不同的浏览器版本对应不同的可以使用的行为项目以及该项目中可以触发的事件数目，浏览器版本越高，可以使用的功能就越多，但是兼容性也越差。因此，在设计网页行为时，既要考虑行为实现的可行性，也要考虑不同浏览者之间可能存在的上网条件差异，选择的浏览器版本不应过低，也不宜过高。"动作"菜单中进入"显示事件"子菜单可进行浏览器版本的选择。

打开素材中的 index5.html，通过行为的设置使得可以在网页中通过鼠标指针的移动来改变显示不同的图片，使得男士图片变成女士图片，如图 8-30 和图 8-31 所示。

图 8-30 图片变换样张（变化前）　　　　图 8-31 图片变换样张（变化后）

步骤 1 通过 Dreamweaver 2020 打开 index3.html，将光标定位于"Dreamweaver 2020 行为的使用"文字下方，单击"插入"→"Image"命令，在素材中选择图片 man，单击"确定"按钮。（此时系统提示是否要将图片复制到系统默认的网站文件夹中，选择"是"按钮。）

步骤 2 单击图片，在图片属性中设置宽和高分别为 200 和 220。

步骤 3 单击图片，单击"窗口"→"行为"命令，打开"行为"面板，如图 8-32 所示。

步骤 4 单击面板中的"添加行为"按钮➕，选择"交换图像"选项，在打开的"交换图像"对话框中单击"浏览"按钮，选择素材中的图片 lady，单击"确定"按钮，如图 8-33 所示。

图 8-32 "行为"面板　　　　　　图 8-33 "交换图像"对话框

任务 4 综合网站设计

使用 Dreamweaver 2020 创建一个房屋买卖租赁网站的首页。

步骤 1 打开 Dreamweaver 2020，单击"文件"→"新建文档"命令，"文档类型"设为 HTML5，无框架，如图 8-34 所示。

步骤 2 在新建的 HTML 页面的标题区域单击"插入"→"Table"命令，设置行数为 3，列数为 2，设置表格宽度为 700 像素，设置边框粗细为 1 像素，单击"确定"按钮。选中第一行单元格，单击"属性"面板，单击"合并单

综合网页

元格"按钮▢▢，分别将第一和第三行单元格分别合并，如图 8-35 所示。

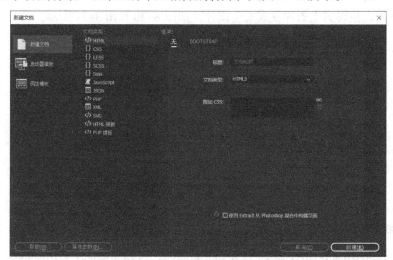

图 8-34 "新建文档"对话框

图 8-35 创建表格

步骤 3 将光标定位于表格第一行，单击"插入"→ "Table"命令，设置行数为 1，列数为 5，设置表格宽度为 700，设置边框粗细为 0 像素，单击"确定"按钮，如图 8-36 所示。在表格中分别输入"主页""买房""卖房""租赁""其他"。选中表格，在"属性"面板里设置水平"居中对齐"。

步骤 4 在表格第二行左侧单元格中单击"插入"→ "Image"命令，插入图像"1.jpg"，并适当调整在网站中的位置。在图片下方输入"欢迎光临房屋租赁网，我们有很多优质房源供您参考！"等文字，并适当调整位置，如图 8-37 所示。

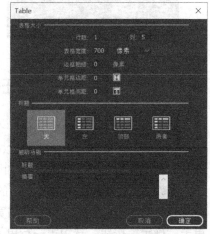

图 8-36 设置表格属性

图 8-37 插入图片和文字

步骤 5 在第二行表格右侧单元格中，单击"插入"→"Table"命令，设为 3 行，2 列，宽度为 275 像素。在第 1 行左侧单元格中插入图像"2.jpg"，在右侧单元格中输入"1 号房屋 200 平方米"；在第 2 行左侧单元格中插入图像"3.jpg"，在右侧单元格中输入"2 号房屋 250 平方米"；在第 3 行左侧单元格中插入图像"4.jpg"，在右侧单元格中输入"3 号房屋 180 平方米"。在"属性"面板设置三张图片的宽为 160，高为 119。设置单元格属性水平"居中对齐"，如图 8-38 所示。

图 8-38 编辑右侧导航

步骤 6 在表格第三行的位置输入网站的联系信息、联系地址、联系电话等信息。

步骤 7 在"页面属性"对话框中设置"背景颜色"为#F0E0D0，如图 8-39 所示。

步骤 8 单击"文件"→"保存全部"→index.html 命令，如图 8-40 和图 8-41 所示。

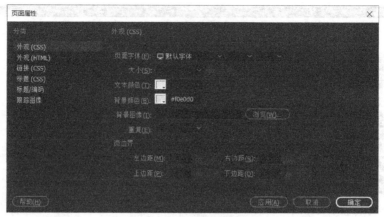

图 8-39　背景颜色设置

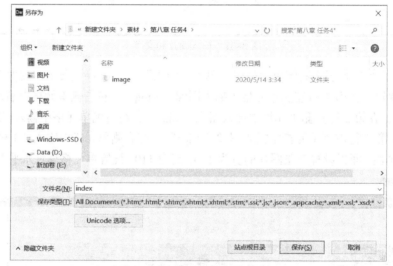

图 8-40　保存页面

图 8-41　网页样张

总结与提高

随着互联网的发展，网站制作技术的提升，越来越多的人开始熟悉和掌握网页制作的方法，制作出来的网站的样式也各自拥有自身的特点，有复古的类型、清爽的类型、简洁的类型、空间层次强的类型、高质感的类型等。

在设计网页时，要知道究竟需要的是哪种类型的网页，起到的作用是什么，提供的功能能解决什么问题，网站的布局应当如何，网页界面的初始设计是作为一个设计者最应当注意的方面。现在介绍几种不同风格类型的网站。

1. 简单主义

常见的页面较为简单的网页有百度和谷歌。通过把网页做到最简单但是却提供了完整的检索等强大的功能。可以说这种类型的网站将网页的简单布局发挥到了极致，是属于不可多得的经典网站，如图 8-42 所示。

图 8-42　百度网站首页

2. 综合风格

对于综合类的门户网站而言，其首页往往提供了大量的信息，可以让用户在首页上找到所需的或者类似的内容，从而方便用户。而作为设计者，在设计这类网站时，要注意内容的覆盖面要广，信息量要大，同时不要将页面做得过大，否则影响网络的访问速度。

随着技术的发展，许多国外的大容量门户网站的版面布局发生了变化，将首页上的内容逐渐分布至二级页面，使得首页的信息量减少，增加二级页面的信息量，如图 8-43 所示。

3. 网站论坛

常见的国内外的网络论坛的制作在页面设计上可能不需要太过于漂亮、花哨，而是通过将论坛的特色打造出来，以此来增加网站的访问量，如图 8-44 所示。

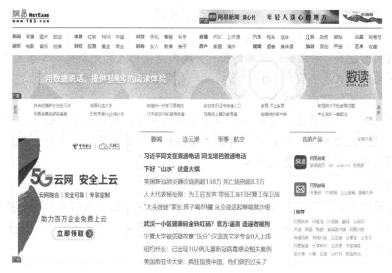

图 8-43　网易网站的首页

图 8-44　宽带山论坛

　　总之，在网站设计制作之初，就要对站点进行详尽的规划，既要照顾传统，又要符合潮流发展，更加不能故步自封，要随着网络的发展经常进行网页的改版，否则在互联网高速发展的今天是极容易遭到淘汰的。

习　题

一、选择题

1. 在 Dreamweaver 2020 中，插入表格的快捷键是（　　）。
   A.【Ctrl+Alt+T】　　　　　　　　　　B.【Ctrl+Shift+T】
   C.【Ctrl+Alt+Z】　　　　　　　　　　D.【Ctrl+Shift+T】

2. 在 Dreamweaver 2020 中，模板的扩展名为（　　　）。

   A．.dwt   B．.doc

   C．.dot   D．.exe

3. 在网页编辑 AP div 时，若要一次移动多个层，则按下键盘上的（　　　）组合键。

   A．【Alt】   B．【Shift】

   C．【Ctrl】   D．【Ctrl+Shift】

4. 在 Dreamweaver 2020 编辑时，把浏览器窗口划分为若干区域并且每个区域载入不同的网页文件，同时将它们组合构成一个完整的框架集结构，各框架中的网页通过一定的链接关系联系起来的布局工具是（　　　）。

   A．框架   B．结构

   C．图表   D．表单

5. （　　　）不是 Dreamweaver 2020 表单选项中常见的域的选项。

   A．文本域   B．文件域

   C．图像域   D．表格域

二、实践操作题

使用 Dreamweaver 2020 制作网页，通过使用层、框架、表单、CSS、行为、模板等技巧，达到如图 8-45 所示效果。（文字和图片等元素可以在互联网上寻找，或用相似文字或图片等代替。）

图 8-45　网站样张

三、拓展训练

使用 Dreamweaver 2020 制作网页，文字和图片等元素可以在互联网上寻找，或用相似文字或图片代替，并制作一个注册该站点的表单页面，表单的底部输入提交和取消，在网站适当位置处做该表单的超链接，如图 8-46 和图 8-47 所示。

图 8-46　首页样张　　　　　　　　图 8-47　表单样张

项目9 3ds Max三维动画设计

本项目以 3ds Max 2020 的三维动画制作为例，介绍三维动画制作的基础、物体变换动画、物体自身建立参数的调整动画、对物体施加修改器动画，改变修改器参数动画、给物体指定运动路径动画、链接动画、放样物体动画、变形动画、材质动画、灯光动画、相机动画、环境动画等方面的相关知识。

项目提出

小张同学是一位三维动画迷，尤其是对三维角色动画、建筑效果图、三维影视广告等效果非常痴迷，并且希望将来从事三维动画制作类的工作。现在小张想要将对三维动画的兴趣和未来的职业生涯联系起来，同时认为学会了三维动画制作以后，可以用三维动画制作影视广告、建筑效果图、游戏娱乐等。小张想从基础学起，制作一个三维变形动画。于是小张请教了计算机系的陈老师，提出下列问题：

（1）常用的三维动画软件有哪些？

（2）三维动画制作的一般流程的是什么？

（3）3ds Max 中生成动画的最常用方法是什么？

陈老师给小张分析了他的想法之后，建议他使用 3ds Max 2020 进行三维动画的制作。以下是陈老师对小张制作三维动画的详细讲解。

项目分析

最常见的三维动画制作软件有 3ds Max、Maya、Softimage 3D。目前最流行的软件是 3ds Max，它具有以下突出特点：

（1）基于 PC 系统，配置要求不高。

（2）可通过安装插件提供 3ds Max 所没有的功能以及增强原本的功能。

（3）角色动画制作能力强大。

（4）建模步骤可堆叠。

三维动画制作的一般流程如图 9-1 所示。

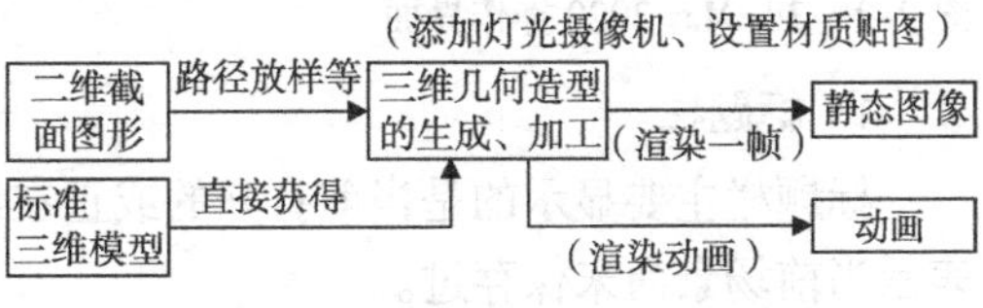

在制作三维动画过程中往往通过设置几个主要帧的运动来控制动画，其余的帧（中间帧）

图 9-1 三维动画制作的一般流程

只是作为这几帧的过渡，这些主要帧称为关键帧，设置三维动画的过程也就是设置"关键帧"的过程。关键帧动画是 3ds Max 中生成动画的最常用的方法。

多媒体技术与应用 ◐ ◐ ◐

相关知识点

3ds Max 是一款广受用户喜爱的三维动画制作软件，它是由 DOS 下的 3D Studio（当时微机平台上的优秀的三维动画制作软件）发展而来的 Windows 版本，随着其版本的不断升级，功能也在不断加强。1990 年 Autodesk 成立多媒体部，推出了第一个动画工作软件——3D Studio，1996年 4 月，3D Studio Max 1.0 诞生了，这是 3D Studio 系列的第一个 Windows 版本。Autodesk 3ds Max 2020 的发布，为使用者带来了更高的制作效率及令人无法抗拒的新技术，使用户可以在更短的时间内制作模型、角色动画及更高质量的图像。

3ds Max 是 Discreet 公司开发的（后被 Autodesk 公司合并）三维动画制作软件，功能非常强大，被广泛地应用于影视广告、商业、教学科研、模拟、游戏娱乐、虚拟现实等领域中，完全可以满足制作高质量三维动画的需要。

一、3ds Max 2020 的界面组成

3ds Max 2020 的界面主要包括标题栏、菜单栏、工作视图（屏幕工作区）、命令面板、状态提示栏、动画控制区、视图控制区、关键帧编辑区、脚本输入区，如图 9-2 所示。

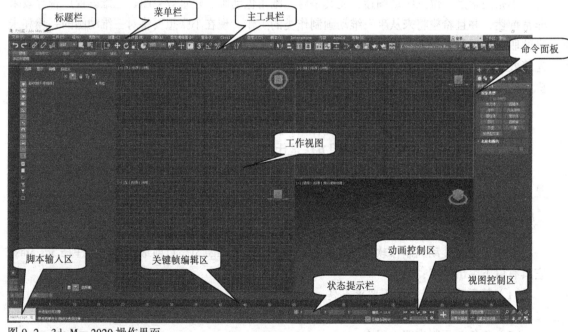

图 9-2 3ds Max 2020 操作界面

1. 标题栏

标题栏主要显示的是当前打开的或正在编辑的 3ds Max 文件名称。当其显示为无标题时，表示当前场景尚未保存过。

2. 菜单栏

菜单栏位于主窗口的标题栏下面。每个菜单的标题表明该菜单上命令的用途。每个菜单均使用标准 Microsoft Windows 约定。

文件：包含用于管理文件的命令，不出现文件字样。

编辑：包含用于在场景中选择和编辑对象的命令。

工具：显示的对话框可用于更改或管理 3ds Max 场景中的对象及对象集合。

组：包含用于将场景中的对象成组和解组的功能。

视图：包含用于设置和控制视图的命令。

创建：提供一个创建某种几何体、灯光、摄影机和辅助对象的方法。

修改器：提供快速应用常用修改器的方式。该菜单将划分为一些子菜单。此菜单上各个项的可用性取决于当前选择。如果修改器不适用于当前选定的对象，则在该菜单上不可用。

动画：提供一组有关动画、约束和控制器，以及反向运动学解算器的命令。

图形编辑器：可以访问用于管理场景及其层次和动画的图表子窗口。

渲染：包含用于渲染场景、设置环境和渲染效果，使用 Video Post 合成场景以及访问 RAM（随机存储器）播放器的命令。

自定义：包含用于自定义 3ds Max 用户界面的命令。

MAXScript（MAX 脚本语言）：包含用于处理脚本的命令，这些脚本是使用软件内置脚本语言 MAXScript 创建而来的。

帮助：可以访问 3ds Max 联机参考系统。

3. 主工具栏

主工具栏位于菜单栏的下面，由一组常用图标按钮组成，主工具栏提供了 3ds Max 2020 大部分常用功能的快捷操作图标按钮，通过分割线将按钮分割为若干组。

4. 工作视图

3ds Max 2020 工作视图区默认有 4 个视图，分别是顶视图、前视图、左视图、透视视图。

工作视图占据了主窗口的大部分，用户可在工作视图中查看和编辑场景。窗口的剩余区域用于容纳控制功能及显示状态信息。

工作视图区可以显示 1~4 个视图。它们可以显示同一个几何体的多个视图，以及"轨迹视图""图解视图"和其他信息显示。

5. 命令面板

命令面板中含有 6 个面板，借助这 6 个面板的集合，可以访问绝大部分建模和动画命令。

命令面板可拖放至任意位置。默认情况下，命令面板位于屏幕的右侧。在命令面板上右击会显示一个菜单，可以通过该快捷菜单浮动或消除命令面板。如果菜单没有显示，或者要更改其位置及停靠或浮动状态，可在任何工具栏的空白区域右击，然后从快捷菜单中进行选择。

（1）创建命令面板包含所有对象创建工具。

（2）修改命令面板包含修改器和编辑工具。

（3）层次命令面板包含链接和反向运动学参数。

（4）运动命令面板包含动画控制器和轨迹。

（5）显示命令面板包含对象显示控制。

（6）实用程序命令面板包含其他工具。

6. 脚本输入区

脚本输入区位于屏幕左下角，用户可以根据 3ds Max 2020 内置的脚本语言，创建和使用自定义命令进行操作。脚本输入区实际上是一个实时编译器，输入的脚本语言命令可以立即执行。

7. 状态提示栏

状态提示栏位于屏幕底部，用于显示关于场景和活动命令的提示和信息，也包含控制选择和精度的系统切换及显示属性。

8. 关键帧编辑区与动画控制区

关键帧编辑区与动画控制区位于屏幕底部，主要用于动画的记录与播放、时间控制以及动画关键帧的设置与选择等操作。

9. 视图控制区

视图控制区位于屏幕右下角，主要用于观看、调整视图中操作对象的显示方式。通过视图控制区的操作图标，可以改变操作对象的显示状态，使其达到最佳的显示效果，但并不改变对象的大小、位置和结构。

二、3ds Max 2020 的坐标系统

世界坐标原点是（0，0，0），也就是 X 轴、Y 轴、Z 轴的交点。在世界坐标系统中，数值沿着 X 轴从原点开始向右逐渐增加，在 Y 轴上沿远离用户的方向增加，在 Z 轴上向上逐渐增加。世界坐标原点位于 4 个工作视图中两条粗黑线的交点位置。

在 3ds Max 2020 中，坐标系统共有 9 种，分别为：视图坐标系统、屏幕坐标系统、世界坐标系统、父对象坐标系统、局部坐标系统、万向坐标系统、栅格坐标系统、工作坐标系统及 Pick（拾取）坐标系统。有时需要变换不同的坐标系统。

三、绘制显示单位设置

绘制显示单位是三维建模的依据，通过选择"自定义"→"单位设置"命令实现。

四、基本编辑操作

3ds Max 2020 中的基本编辑操作主要包括选择操作、组群操作、变化操作和复制操作。

1. 选择操作

3ds Max 2020 中的选择操作主要有以下 4 种常用方法。

（1）单选择操作。选取主工具栏中的"选择对象"按钮▤，在欲选择的对象上单击。还可以配合【Ctrl】键或【Alt】键增加或减少对象。

（2）区域选择操作。在欲选择的对象周围建立一个选择区域。

（3）名称选择操作。选取主工具栏中的"按名称选择"按钮▤，或选择"编辑"→"选择方式"→"名称"命令，弹出"选择对象"对话框进行设置。还可以用【H】键进行选择。

（4）颜色选择操作。选择"编辑"→"选择方式"→"颜色"命令，在屏幕视窗中拾取图形对象。

2. 组群操作

组群是一个可供选择和编辑的图形对象的集合。组群可以无限制嵌套。3ds Max 2020 中常

用的组群操作主要有建立组群、打开和关闭组群、炸开和取消组群、结合和分离组群。

（1）建立组群。选择"组"→"成组"命令，可以对两个及两个以上物体编组。

（2）打开和关闭组群。选择"组"→"打开"命令和"组"→"关闭"命令可以打开和关闭组群。

（3）炸开和取消组群。选择"组"→"炸开"命令和"组"→"解组"命令可以炸开和取消组群。

小提示：前者取消全部所选组群，后者取消所选组群的最上一级组群。

（4）结合和分离组群。选择"组"→"附加"命令和"组"→"分离"命令可以结合和分离组群，能够将所选图形对象加入一个组群中，或从某个组群中分离出来（先打开组群，再分离）。

3. 变化操作

3ds Max 2020 中常见的变化操作主要有移动操作、旋转操作、缩放操作。在对象的实际调整过程中往往可以结合变化控制器做出精确的调整。变化控制器可以选择变化坐标系、变化中心、变化约束轴。在主工具栏空白区域上右击，从弹出的快捷菜单中选择"轴约束"命令即可，此时将弹出一个"轴约束"浮动工具栏，如图 9-3 所示。

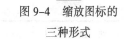

图 9-3　"轴约束"浮动工具栏

（1）移动操作，改变所选图形实体的空间位置。选择主工具栏上的"移动"按钮 ✛。

（2）旋转操作，对所选图形实体的空间位置旋转。选择主工具栏上的"旋转"按钮 ↻。

（3）缩放操作，对所选图形实体的大小进行缩放。选择主工具栏上的"缩放"按钮 ▣。

小提示：在 3ds Max 2020 中，凡是在图标右下角有扩展按钮的，都表示它是多个同类型图标的组合。可以在此类图标上按住鼠标左键不放，多停留一会儿，即可呈现更多的同类型图标以供选择。例如，图 9-4 所示的是缩放图标的三种形式。

移动、旋转和缩放这 3 种变化操作都有两种具体操作方法：

第一种方法，使用鼠标拖动所选对象作粗略的变化。

第二种方法，右击 ✛ 或 ↻ 或 ▣ 按钮，在弹出的相应对话框中通过键盘输入参数可作精确的变化。图 9-5 所示为"缩放变换输入"对话框。

图 9-4　缩放图标的三种形式

图 9-5　"缩放变换输入"对话框

4. 复制操作

3ds Max 2020 中常见的复制操作主要有以下 6 种。

（1）克隆复制。先选择工作视图中需要复制的对象，再单击"编辑"→"克隆"命令，弹出"克隆选项"对话框，如图 9-6 所示。选择其中一种对象复制方式，单击"确定"按钮退出对话框，再应用移动操作移开复制体。

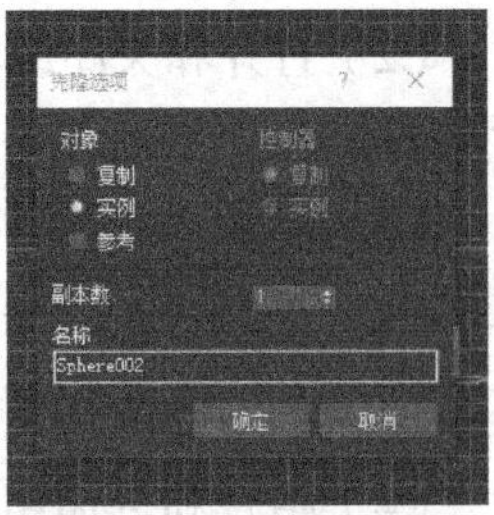

小提示："克隆选项"对话框中的 3 种不同复制方式的主要区别如下。

复制：原物体与复制体完全独立。

实例：原物体与复制体二者互相影响。

参考：原物体单向作用于复制体。

图 9-6 "克隆选项"对话框

（2）镜像复制。利用主工具栏中的"镜像复制"按钮，进行对象复制。

（3）阵列复制。利用主工具栏中的"阵列复制"按钮，进行对象复制。在主工具栏空白位置处右击，在弹出的快捷菜单中选择"附加"命令即可看到"阵列"复制图标。

（4）快照复制。利用主工具栏中的"快照复制"按钮，进行对象复制。"快照复制"按钮与"阵列复制"按钮在同一组中。

（5）等距离复制。利用主工具栏中的"间隔工具复制"按钮，进行对象等距离间隔复制。"间隔工具复制"按钮与"阵列复制"按钮也在同一组中。

（6）快捷复制。利用【Shift】键，在变化（如移动、旋转、缩放）操作的同时完成复制操作。

五、3ds Max 2020 中常见的快捷方式

键盘快捷键是使用鼠标进行初始化操作（命令或工具）的键盘替换方法。例如，可以按【H】键打开"选择对象"对话框，可以按【F】键将活动的视图更改为前视图。键盘快捷键提供了一种可以更快和更有效率的工作方法。

3ds Max 2020 中默认的快捷键很多，常用的快捷键如表 9-1 所示。

表 9-1　3ds Max 2020 中常用的快捷键

快　捷　键	主　要　功　能	快　捷　键	主　要　功　能
A	角度捕捉开关	M	材质编辑器开关
B	切换到底视图	N	动画模式开关
C	切换到摄影机视图	P	切换到透视用户视图
F	切换到前视图	R	切换缩放方式
G	切换到网格视图	S	捕捉开关
H	显示通过名称选择对话框	T	切换到顶视图
L	切换到左视图	U	切换到等角用户视图

项目实现

任务 1　3ds Max 物体变换动画效果

目的：物体变换动画效果。

要点：制作图 9-7 所示的三维场景，制作茶壶边旋转边缩小的动画。

步骤 1～步骤 17 完成三维场景的建立，包括场景中的物体、物体材质、灯光、相机、背景图像；步骤 18～步骤 23 完成茶壶物体变动动画。

步骤 1　启动 3ds Max 2020。

步骤 2　在创建命令面板➕中，依次单击"创建"→"几何体"→"茶壶"命令，在顶视图中建立一个半径为 20 的茶壶。

步骤 3　在创建命令面板➕中，依次单击"创建"→"几何体"→"长方体"命令，在顶视图中建立一个长度、宽度分别为 200、300，高度为 2 的长方体，然后单击主工具栏中的"对齐"按钮▣，在顶视图中单击茶壶，在弹出窗口中的"对齐位置(屏幕)"项下选中"Z 位置"复选框，在"当前对象"组中单击"最大"单选按钮，在"目标对象"组中选择"最小"单选按钮，如图 9-8 所示。单击"确定"按钮，此时，茶壶的底端便对齐到长方体的上边缘。

图 9-7　物体变动动画效果

图 9-8　茶壶的底端与长方体的上边缘对齐

小提示：其他对齐方式可以同理操作。

步骤 4　在创建命令面板➕中，依次单击"创建"→"灯光"→"标准"→"目标灯光"命令，在顶视图中建立一盏目标灯光。选择此目标光灯，并在修改命令面板◪中，选择"常规参数"→"阴影"组，然后单击"启用"复选框，在"灯光分布（类型）"组中设置为"聚光灯"选项，在"阴影参数"组中设置"密度"值为 0.4，以降低阴影强度，如图 9-9 所示。

步骤 5　在创建命令面板➕中，依次单击"创建"→"摄影机"→"目标"命令，在顶视图中建立一个目标摄影机。添加灯光、相机后的顶视图如图 9-10 所示。

步骤 6　单击选择左视图，可以使用选择并移动工具➕调整摄影机（镜头点和目标点）和聚光灯的位置。

图 9-9 聚光灯参数调整

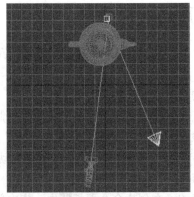

图 9-10 添加灯光与相机后的顶视图

小提示：可以使用选择并移动工具在顶视图或前视图中继续调整。

步骤 7 单击激透视图，按【C】键，将透视图改为摄影机视图，可以在修改面板中修改摄影机参数（如"视野"等），继续调整摄影机视图。

步骤 8 调整后的各个视图如图 9-11 所示。

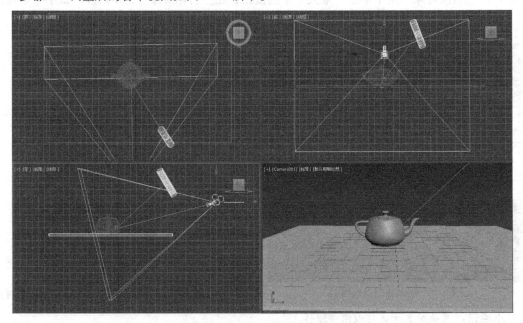

图 9-11 调整后的各个视图

步骤 9 按【M】键，打开材质编辑器，切换其模式为"精简材质编辑器"，在材质编辑器中选择第一个材质示例球，确认当前材质类型为 Standard 材质（如果不是，则修改为 Standard 材质），输入材质名称为 table，如图 9-12（a）所示。

步骤 10 向上推动参数区卷展栏，单击"贴图区"按钮，弹出 12 种贴图类型。单击漫反射颜色贴图旁的"无贴图"按钮，将弹出"材质/贴图浏览器"窗口。选择其中的"棋盘格"按钮，单击"确定"按钮退出。在弹出的次级对话框中，修改 U、V 的两个瓷砖的数值大小，数值越大则棋盘格越细密；反之，数值越小则棋盘格越大、越稀疏，此处的瓷砖均从 1.0 改为了 30，如图 9-12（b）所示。

步骤 11　选择场景中的长方体，单击水平工具行的"赋予选择物体"按钮 ，将贴图赋予长方体。单击水平工具行的"显示贴图"按钮 ，将赋予长方体的贴图显现出来。

（a）材质编辑器　　　　　　　　　　　　　（b）设置"瓷砖"参数

图 9-12　设定长方体材质

步骤 12　在材质编辑器中选择第二个材质示例球，确认当前材质类型为 Standard 材质，输入材质名称为 teapot。在"明暗器基本参数"卷展栏中选择"双面"复选框以消除茶壶渲染后出现的缝隙。

步骤 13　向上推动参数区卷展栏，单击"贴图区"按钮，弹出 12 种贴图类型。单击漫反射颜色贴图旁的"无贴图"按钮，将弹出"材质/贴图浏览器"窗口。单击其中的"高级木材"按钮，单击"确定"按钮退出。在弹出的次级对话框中，同样可以考虑修改 U、V 的瓷砖数值大小。

步骤 14　选择场景中的茶壶，单击水平工具行的"赋予选择物体"按钮 ，将贴图赋予茶壶。单击水平工具行的"显示贴图"按钮 ，将赋予茶壶的贴图显现出来。

步骤 15　关闭材质编辑器，选择"渲染"→"环境"命令，在弹出的对话框中选中"使用贴图"复选框，单击其下面的"无贴图"按钮，在弹出的"材质/贴图浏览器"窗口中选择并双击"位图"按钮，在选择位图文件对话框中选择一幅"天空.jpg"静态图片作为场景中的背景图，然后再打开材质编辑器选择一个空白材质球，将环境贴图以"实例"的形式复制到材质球。关闭弹出的对话框，如图 9-13 所示。

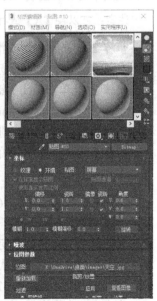

图 9-13　设置背景图像

提示：在选择位图文件对话框中不仅可以选择静态图片，还可以选择能支持的动画文件格式，以形成动态背景。

步骤 16 在主工具栏中单击"渲染产品"按钮，渲染一帧后的静态图像效果如图 9-14 所示。

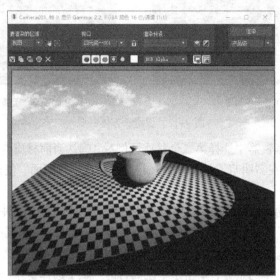

图 9-14　渲染一帧后的静态图像

步骤 17 在菜单中单击"文件"→"保存"命令，保存场景文件为"静态茶壶.max"。

步骤 18 右击激活顶视图，选中茶壶物体，按下关键帧编辑区中的"自动关键点"按钮，此时该按钮为红色，顶视图边框也是红色，表示进入动画生成状态。

步骤 19 把动画时间滑块移到第 50 帧，单击主工具栏中的"选择并旋转工具"按钮，在顶视图中沿 Z 轴旋转 360°。

注意：可以按【A】键打开主工具栏中的"角度捕捉"按钮，默认以 5° 为间隔变化。

步骤 20 把动画时间滑块移到第 100 帧，单击主工具栏中的"选择并等比缩放工具"按钮，在顶视图等比缩小茶壶。

步骤 21 单击关闭关键帧编辑区中红色的"自动关键点"按钮。

步骤 22 右击激活 Camera01（摄影机）视图，单击动画控制区中的"播放动画"按钮，可以观察到茶壶从第 0 帧到第 100 帧边旋转（0~50 帧）边缩小（0~100 帧）的动画效果。

步骤 23 此时，在菜单中单击"文件"→"另存为"命令，保存该场景动画文件为"动态茶壶 1.max"。

任务 2　3ds Max 物体自身建立参数的调整动画效果

目的：茶壶建立参数变化引起的动画。

要点：制作一个茶壶从大变小、从小变大的动画效果，如图 9-15 所示。

步骤 1 启动 3ds Max 2020，打开本章任务 1 建立并保存的"静态茶壶.max"文件。

步骤 2 右击激活顶视图，选中茶壶物体，按下关键帧编辑区中的"自动关键点"按钮，

此时该按钮为红色 自动关键点 ，顶视图边框也是红色，表示进入动画生成状态。

图 9-15　茶壶半径变化的动画效果

步骤 3　把动画时间滑块移到第 50 帧，选择修改命令面板 ，修改半径为 5，如图 9-16 所示。

小提示：在关键帧处产生变化的参数，其微调器有红色边框出现。

步骤 4　把动画时间滑块移到第 100 帧，修改半径为 30。

步骤 5　单击关闭关键帧编辑区中的"自动关键点"按钮。

步骤 6　右击激活 Camera01（摄影机）视图，单击动画控制区中的"播放动画"按钮 ，可以观察到茶壶从第 0 帧到第 100 帧，从大变小（0~50 帧）再从小变大（50~100 帧）的动画效果。

图 9-16　修改第 50 帧的
半径参数

步骤 7　此时，在菜单中选择"文件"→"另存为"命令，保存该场景动画文件为"动态茶壶 2.max"。

任务 3　3ds Max 对物体施加修改器动画效果

目的：茶壶修改器参数变化引起的动画。

要点：为茶壶添加扭曲修改器，在不同关键帧修改扭曲修改器的扭曲角度参数，如图 9-17 所示。

步骤 1　启动 3ds Max 2020，打开本章任务 1 建立并保存的"静态茶壶.max"文件。

步骤 2　选中茶壶物体，在修改命令面板 中，依次单击"修改"→"修改器列表"→"扭曲"命令，选择 Twist（扭曲）修改器，如图 9-18 所示。

步骤 3　右击激活顶视图，按下关键帧编辑区中的"自动关键点"按钮，此时该按钮变红色 自动关键点 ，顶视图边框也是红色，表示进入动画生成状态。

步骤 4 把动画时间滑块移到第 50 帧，选择修改命令面板，修改 Twist 的"角度"为 360，如图 9-19 所示。

小提示：此时场景中的茶壶就像拧麻花般沿 Z 轴被扭曲成了 360°。

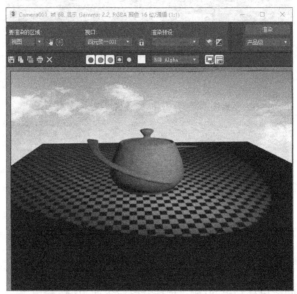

图 9-17 动画第 68 帧渲染效果图

图 9-18 选择扭曲修改器

图 9-19 设置扭曲参数

步骤 5 把动画时间滑块移到第 100 帧，修改 Twist 的"角度"为 0（与第 0 帧的状态相同）。

步骤 6 单击关闭关键帧编辑区中的"自动关键点"按钮。

步骤 7 右击激活 Camera01（摄影机）视图，单击动画控制区中的"播放动画"按钮，可以观察到茶壶从第 0 帧到第 100 帧，做起了类似原地扭腰的动画效果。

步骤 8 此时，在菜单中选择"文件"→"另存为"命令，保存该场景动画文件为"动态茶壶 3.max"。

任务 4　3ds Max 给物体指定运动路径动画效果

目的：茶壶沿路径变化的动画效果。

要点：制作运动路径引导线，将运动物体约束在该引导线上，将文件导出为"动态茶壶 4.max"，如图 9-20 所示。

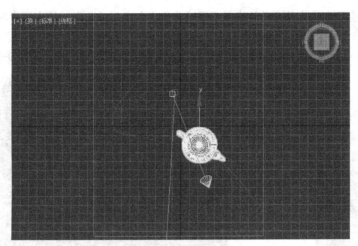

图 9-20　茶壶沿路径运动

步骤 1　启动 3ds Max 2020，打开本章任务 1 建立并保存的"静态茶壶.max"文件。

步骤 2　右击激活顶视图，在创建命令面板➕中，依次单击"创建"→"图形"→"线"命令，修改线的创建方法均为平滑，如图 9-21 所示。

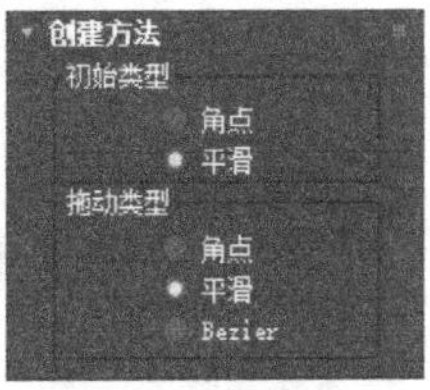

小提示：平滑可以直接建立出光滑的曲线。

图 9-21　修改线的创建方法均为平滑

步骤 3　右击激活顶视图，依次单击建立一根光滑的曲线，如图 9-22 所示。

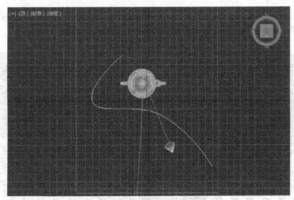

图 9-22　建立曲线路径

步骤 4　选中茶壶，在菜单中选取"动画"→"约束"→"路径约束"命令，在顶视图中出现一条虚线，单击刚才建立的曲线，为茶壶指定路径大功告成。

小提示：此时场景中的茶壶有 2 个关键帧（0、100）。在第 0 帧，茶壶已经位于路径曲线的起点，把动画时间滑块移到第 100 帧，茶壶则位于路径曲线的终点。中间帧上的茶壶在路径线上的某个位置。

步骤 5　右击激活 Camera01（摄影机）视图，单击动画控制区中的"播放动画"按钮▶，可以观察到茶壶从第 0 帧到第 100 帧，沿曲线运动的路径动画效果。

多媒体技术与应用 ◉ ▶ ▶

　　小提示： 茶壶沿曲线路径运动的姿势不跟随路径方向变化而变化，始终保持不变。在运动命令面板中，依次单击"运动"→"参数"→"路径参数"→"路径选项"→"跟随"前面的复选框，如图9-23（a）所示，则茶壶将沿曲线路径运动并发生姿势上的跟随变化，如图9-23（b）所示。

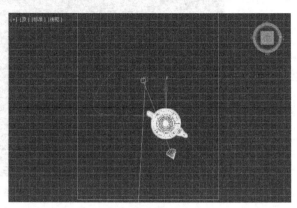

（a）路径参数设置　　　　　　　　　　（b）茶壶跟随变化

图 9-23　纠正后的茶壶运动姿势

　　步骤 6　此时，在菜单中选择"文件"→"另存为"命令，保存该场景动画文件为"动态茶壶 4.max"。

任务 5　3ds Max 正向链接动画效果

　　目的：正向链接动画。
　　要点：建立小球与茶壶的正向链接关系，完成茶壶带动小球一起运动的动画效果，制作完成后，把源文件保存为"动态茶壶 5.max"，如图 9-24 所示。

图 9-24　正向链接动画

　　步骤 1　启动 3ds Max 2020，打开本章任务 4 建立并保存的"动态茶壶 4.max"文件。
　　步骤 2　添加小球至茶壶顶部。
　　右击激活顶视图，在创建命令面板➕中，依次单击"创建"→"几何体"→"球体"命令，建立一个小球体。在顶视图、左视图或前视图中使用主工具栏中的选择并移动工具➕调整该小球的位置正好置于茶壶顶部。

246 ● ● ●

小提示：可以借助于主工具栏中的对齐工具▣设置对齐方式。

步骤 3　右击激活顶视图，选中小球，单击选择主工具栏中的选择并链接工具▨，按住鼠标左键不放拖动到茶壶物体时，释放鼠标左键，可以观察到茶壶"闪白"一下，此时链接成功。

小提示：现在链接后形成的父物体是茶壶，小球是子物体。正向链接的一个基本特性是：父物体运动影响子物体一起运动，子物体运动不会影响父物体的运动。

步骤 4　右击激活 Camera01（摄影机）视图，单击动画控制区中的"播放动画"按钮▷，可以观察到茶壶与小球一起，从第 0 帧到第 100 帧（共 2 个关键帧：0、100）沿曲线运动的路径动画效果，如图 9-24 所示。

步骤 5　此时，在菜单中选择"文件"→"另存为"命令，保存该场景动画文件为"动态茶壶 5.max"。

任务 6　3ds Max 反向链接动画效果

目的：反向链接动画。

要点：首先建立 5 个小球的正向链接关系，然后设置反向链接关系，最后设置小球的反向链接动画，并保存成"5 小球.max"，如图 9-25 所示。

步骤 1　启动 3ds Max 2020。

步骤 2　建立 5 个小球。在创建命令面板➕中，依次单击"创建"→"几何体"→"球体"命令，在顶视图中左侧建立一个小球体。

步骤 3　选择主工具栏中的选择并移动工具✥，在按住【Shift】键的同时，向右水平移动复制小球，使得相邻小球紧紧相接，在弹出的"克隆选项"对话框中选择复制方式，设置"副本数"为 4，如图 9-26 所示。

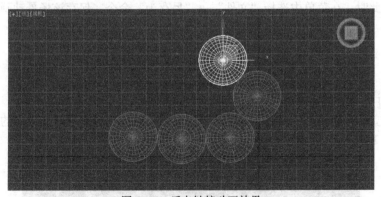

图 9-25　反向链接动画效果

步骤 4　右击激活顶视图，选中第 5 个小球，单击选择主工具栏中的选择并链接工具▨，按住鼠标左键不放拖动到第 4 个小球时，释放鼠标左键，可以观察到第 4 个小球"闪白"一下。同理选中第 4 个小球，链接到第 3 个小球；选中第 3 个小球，链接到第 2 个小球；选中第 2 个小球，链接到第 1 个小球。这样就形成了一个正向链接的链。最左侧的第 1 个小球位于最高层，它是第 2 个小球的父物体，第 2 个小球是第 3 个小球的父物体，第 3 个小球是第 4 个小球的父物体，第 4 个小球是第 5 个小球的父物体。因此当移动第 1 个小球时，其余 4 个小球依次被带动。当移动第5个小球时，不影响其他小球。这就是典型的正向链接效果。

步骤5 接下来，需要设置反向链接关系。

在层次命令面板■中，依次单击"层次"→"IK"→"反向运动学卷展栏"→"交互式IK"按钮，如图9-27所示。

图9-26 "克隆选项"对话框

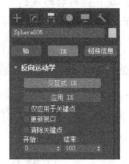

图9-27 设置交互式IK

步骤6 此时在顶视图中，当移动第5个小球时，发现了它的移动会带动其他小球一起移动，并且被另外4个小球限制（类似手掌、前臂、上臂、身体之间的关节运动），运动时彼此不能分开，如图9-25所示。

步骤7 继续设置小球的反向链接动画。选中第5个小球，右击激活顶视图，按下关键帧编辑区中的"自动关键点"按钮，此时该按钮变红色 自动关键点 ，顶视图边框也是红色，表示进入动画生成状态。把动画时间滑块移到第100帧，移动第5个小球的位置。单击关闭关键帧编辑区中的"自动关键点"按钮。

步骤8 右击激活透视图，单击动画控制区中的"播放动画"按钮▶，可以观察到第5个小球移动从第0帧到100帧所引起的其他小球运动的反向链接动画效果。

步骤9 此时，在菜单中选择"文件"→"另存为"命令，保存该场景动画文件为"5小球.max"。

任务7 3ds Max变形动画效果

目的：设计变形动画效果。

要点：建立具有相同点、面数的源物体与变形体，通过变形实现球变飞碟的动画效果，并保存成"球变飞碟.max"，如图9-28所示。

图9-28 变形中的球体

步骤 1　启动 3ds Max 2020。

步骤 2　在创建命令面板➕中，依次单击"创建"→"几何体"→"球体"命令，在顶视图左侧建立一个球体。然后按住【Shift】键，单击主工具栏中的选择并移动工具➕，沿水平方向移动复制出另一个相同的球体。在"克隆选项"对话框中选择复制选项。

步骤 3　右击激活前视图，选中右侧即复制出的第 2 个球体。在球体上右击选择"转换为"→"转换为可编辑多边形"命令。

步骤 4　单击选择可编辑多边形修改器的次对象"顶点"，如图 9-29 所示，框选右侧球体正中间的一圈点。

步骤 5　右击激活顶视图，选择界面靠近最下方中间位置处选择"锁定切换"按钮🔒，再选择主工具栏中的选择并均匀缩放工具🔲，在顶视图中等比放大这些点，再单击选择锁定切换按钮🔒以取消选择锁定。

步骤 6　单击关闭可编辑多边形修改器的次对象顶点，得到一个飞碟形状的物体。

步骤 7　右击激活顶视图，选中左侧的球体，按下关键帧编辑区中的"自动关键点"按钮，此时该按钮变红色 自动关键点，顶视图边框也是红色，表示进入动画生成状态。

步骤 8　把动画时间滑块移到第 100 帧，在创建命令面板➕中，依次单击"创建"→"几何体"→"复合对象"→"变形"→"拾取目标"选项，如图 9-30 所示。在顶视图中单击拾取右侧的飞碟形状的物体，此时的球体变成飞碟。

图 9-29　选择右侧球体的次对象顶点

图 9-30　变形操作界面

步骤 9　单击关闭关键帧编辑区中的"自动关键点"按钮。

步骤 10　右击激活透视图，单击动画控制区中的"播放动画"按钮▶，可以观察到左侧球体从第 0 帧到 100 帧慢慢从球变形为飞碟的动画效果。

小提示：选中右侧飞碟状物体，在显示命令面板🖥中，依次单击"显示"→"隐藏卷展栏"→"隐藏选定对象"命令，可以隐藏右侧飞碟状物体，只保留左侧一个变形球体。

步骤 11　此时，在菜单中单击"文件"→"另存为"命令，保存该场景动画文件为"球变飞碟.max"。

任务 8　3ds Max 材质动画效果

目的：设计对象颜色材质动画效果。

要点：在关键帧动画中改变材质编辑器中的小球颜色，制作颜色材质的动画效果，并保存为"动态茶壶 6.max"，如图 9-31 所示。

图 9-31　小球颜色变化动画

步骤 1　启动 3ds Max 2020，打开"动态茶壶 5.max"文件。

步骤 2　按【M】键，打开材质编辑器，在材质编辑器中选择第四个材质示例球，确认当前材质类型为 Standard 材质（如果不是，则修改为 Standard 材质），在其左侧的材质名称输入区域输入材质名称为 sphere。在 Blinn 基本参数中单击"漫反射"右侧的色块，在弹出的颜色选择器对话框中设置颜色值 RGB 分别为 255、0、0，即纯红色，如图 9-32（a）所示。设置光泽度值为 60。设置高光级别值为 100，如图 9-32（b）所示。

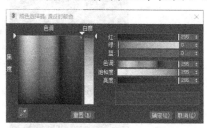　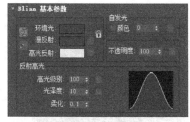

（a）RGB 颜色设置　　　　　　　　（b）Blinn 基本参数设置

图 9-32　设定小球颜色材质

步骤 3　选中茶壶顶上的小球，单击水平工具行的"赋予选择物体"按钮，将红色赋予小球。

步骤 4　右击激活 Camera01（摄影机）视图，选中茶壶顶上的小球，按下关键帧编辑区中的"自动关键点"按钮，此时该按钮变红色 自动关键点，Camera01（摄影机）边框也是红色，表示进入动画生成状态。

步骤 5　把动画时间滑块移到第 50 帧，打开材质编辑器，设置漫反射的颜色值 RGB 分别为 0、255、0，即纯绿色。

步骤 6　把动画时间滑块移到第 100 帧，打开材质编辑器，设置漫反射的颜色值 RGB 分别为 0、0、255，即纯蓝色。

步骤 7　单击关闭关键帧编辑区中的"自动关键点"按钮。

步骤 8　右击激活 Camera01（摄影机）视图，单击动画控制区中的"播放动画"按钮▶，可以观察到茶壶顶上的小球从第 0 帧到第 100 帧（共 3 个关键帧：0、50、100）边随茶壶沿路径运动，边发生颜色从红→绿→蓝变化的动画效果。

步骤 9　此时，在菜单中单击"文件"→"另存为"命令，保存该场景动画文件为"动态茶壶 6.max"。

任务 9　3ds Max 灯光动画效果

目的：设计灯光动画效果。

要点：在关键帧动画中改变灯光颜色的有关参数，制作灯光动画效果，并保存成"动态茶壶 7.max"，如图 9-33 所示。

图 9-33　灯光变化动画

步骤 1　启动 3ds Max 2020，打开"静态茶壶.max"文件。

步骤 2　右击激活顶视图，选中灯光 Spot01，按下关键帧编辑区中的"自动关键点"按钮，此时该按钮变红色 自动关键点 ，顶视图边框也是红色，表示进入动画生成状态。

步骤 3　把动画时间滑块移到第 100 帧，在修改命令面板 中，依次单击"修改"→"强度/颜色/衰减"卷展栏→"强度"选项，修改 cd 的数值为 0。继续依次单击展开"修改"→"分布（聚光灯）"卷展栏，修改"聚光区/光束"数值为 0.5、修改"衰减区/区域"数值为 10.0，如图 9-34 所示。

步骤 4　单击关闭关键帧编辑区中的"自动关键点"按钮。

步骤 5　右击激活 Camera01（摄影机）视图，单击动画控制区中的"播放动画"按钮▶，可以观察到场景中的茶壶从第 0 帧到 100 帧受到光照影响而产生的随灯光变暗、光线照射圈范围缩小的动画效果。

图 9-34　设置第 100 帧
的灯光参数

步骤 6 此时，在菜单中单击"文件"→"另存为"命令，保存该场景动画文件为"动态茶壶 7.max"。

任务 10　3ds Max 摄影机动画效果

目的：设计摄影机动画效果。

要点：在关键帧动画中修改摄影机的有关参数，制作摄影机动画效果，并保存成"动态茶壶 8.max"，如图 9-35 所示。

图 9-35　摄影机动画效果

步骤 1　启动 3ds Max 2020，打开"静态茶壶.max"文件。

步骤 2　右击激活顶视图，选中 Camera01，按下关键帧编辑区中"自动关键点"按钮，此时该按钮变红色 自动关键点，顶视图边框也是红色，表示进入动画生成状态。把动画时间滑块移到第 0 帧，在修改命令面板 中，依次单击展开"修改"→"参数"卷展栏，修改"剪切平面"组中"近距剪切"与"远距剪切"的数值，如图 9-36（a）所示。把动画时间滑块移到第 100 帧，在修改命令面板中，修改"剪切平面"组中"近距剪切"与"远距剪切"的数值，如 9-36（b）所示。

（a）第 0 帧　　　　（b）第 100 帧

图 9-36　摄影机"剪切平面"组参数

步骤 3　动画时间滑块仍然在第 100 帧，选择修改命令面板 ，依次单击展开"修改"→"参数"卷展栏，修改镜头和视野的数值，如图 9-37 所示。

步骤 4　单击关闭关键帧编辑区中的"自动关键点"按钮。

步骤 5　右击激活 Camera01（摄影机）视图，单击动画控制区中的"播放动画"按钮 ，可以观察到场景中的茶壶和地面从第 0 帧的全不可见逐渐变化到第 100 帧全可见（先看到近处物体，再逐渐看到远处全貌）的动画变化效果，同时观察到摄影机镜头变化所引起的物体呈现变大的动画变化效果。

图 9-37　修改第 100 帧摄影机镜头和视野参数

步骤 6　此时，在菜单中单击"文件"→"另存为"命令，保存该场景动画文件为"动态茶壶 8.max"。

任务 11　3ds Max 环境动画效果

目的：设计雪花飘落的动画效果。

要点：建立雪花颗粒，设定雪花参数，编辑雪花材质，着色动画，制作下雪的动画效果，并保存成"snow.max"，如图 9-38 所示。

图 9-38　渲染后的一帧雪景

步骤 1　启动 3ds Max 2020，选取创建命令面板➕中的"创建"→"几何体"→"粒子系统"选项，单击"雪"按钮。

步骤 2　在顶视图中从左上角位置单击，并向右下角拖动，松开左键，这时雪花已初步建立好了，如果拖动时间滑块，可以看到白色的雪花，如图 9-39 所示。

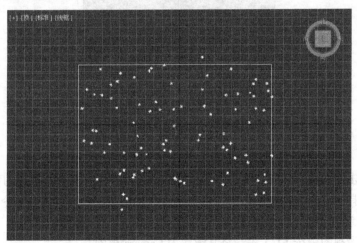

图 9-39　建立白色的雪花

步骤 3 展开命令面板中的参数，将"粒子"组的"视口计数"设定为 500，这时看到雪花较多。将"速度"设定为 8。选中"渲染"组中的"面"单选按钮。在"计时"组中，将"开始"设定为–50，"寿命"设定为 50，这表示雪在动画开始前就下了，每片雪花生命值为 50 帧，如图 9–40 所示。

步骤 4 在 Adobe Photoshop 中绘制如图 9–41 所示的黑白渐变色圆形 snow.png，在 3ds Max 材质编辑器作为贴图使用。

图 9–40 设置雪花参数

图 9–41 雪花

步骤 5 按【M】键打开材质编辑器。设置"着色方式"为 Phong，将自发光中的颜色值调为纯白色，即 R、G、B 取值均为 255。

步骤 6 在"贴图"组设置漫反射颜色贴图和不透明度贴图均为 snow.png，如图 9–42 所示。把编辑好的材质指定给雪花。

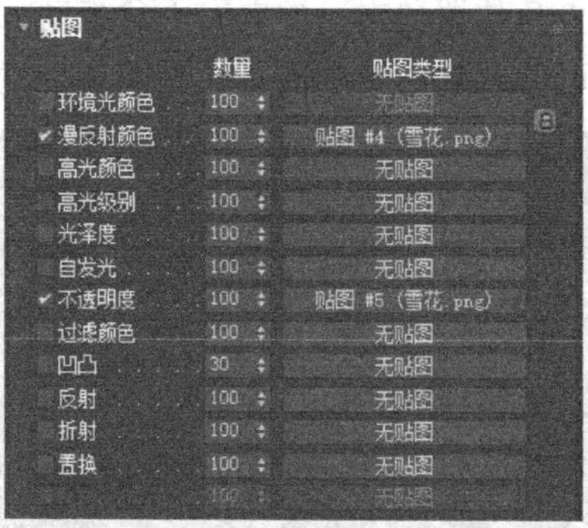

图 9–42 设置雪花贴图材质

步骤 7 单击"渲染"→"环境"命令，为整个场景设置一张雪天雪地的背景图 snow.jpg。

步骤 8 选择创建命令面板➕中的"创建"→"摄影机"→"目标"命令，建立一个目标摄影机，并在场景中调整到合适位置。

步骤 9 在透视图中按【C】键，将其激活为 Camera 视图。

步骤 10 在菜单中单击"文件"→"保存"命令，保存场景文件为 snow.max。

步骤 11 单击主工具栏中的"渲染设置"按钮以打开"渲染设置"对话框。单击活动时间段为 0～100，确定着色帧数。设置 320×240 以确定渲染输出大小。单击"文件"按钮把动画文件命名为 snow.avi，按"渲染"按钮，如图 9-43 所示，进入着色状态。动画着色完毕可以观看雪景动画文件 snow.avi。

图 9-43 设置渲染参数

总结与提高

归纳起来，三维动画的基本形式主要分为两类：物体动画的形式、其他动画形式。

物体动画的形式主要有：物体变换动画、物体自身建立参数的调整动画、对物体施加修改器动画、改变修改器参数动画、给物体指定运动路径动画、链接动画、放样物体动画、变形动画、材质动画等。有些看似复杂的三维动画，其实也可以归结到这些动画中，比如沿指定路径旋转的直升机，可以分解为两个动画：一个是直升机旋转变换动画，另一个是直升机沿指定路径运动动画。

其他动画形式主要有灯光、摄影机、环境等动画。此外，还有空间扭曲动画等。

习　　题

一、知识题

1. 简述关键帧动画的工作原理。
2. 简述三维动画制作的一般流程。
3. 三维动画的基本形式主要有哪些？其他动画形式主要有哪些？

二、实践操作题

制作一个新闻联播的片头动画，渲染后的某帧效果图如图 9-44 所示。

图 9-44　新闻联播的片头动画某帧效果图

操作提示：本题中文字主要应用了文本建立，同时添加了挤出修改器、沿路径变形修改器，并设置了文字沿一条曲线弯曲运动的动画效果，如图 9-45 和图 9-46 所示。为球体及场景背景分别指定一张地球位图贴图和星空位图贴图。单击关键帧编辑区中的"自动关键帧"按钮，此时该按钮变为红色，进入动画自动录制状态，分别设置图 9-46 中的百分比第 0 帧为 0，第 100 帧为 140（此时文字"新闻联播"隐藏到了球体后面）；为地球设置从 0～100 帧自转 360° 的旋转动画。

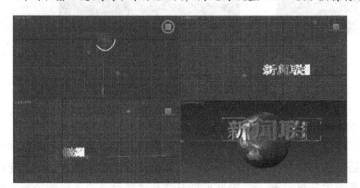

图 9-45　新闻联播片头动画中的某帧场景

图 9-46　设置沿路径变形修改器参数

参 考 文 献

[1]　吴建平. Photoshop CC 图形图像处理任务驱动式教程[M]. 北京：机械工业出版社，2017.

[2]　白凤翔，罗滨. 现代教育技术技能教程[M]. 北京：中国铁道出版社，2009.

[3]　沈大林. 多媒体 CAI 课件制作案例教程[M]. 北京：中国铁道出版社，2008.

[4]　秦敏. 3ds Max 基础教程[M]. 北京：清华大学出版社，北京交通大学出版社，2018.

[5]　许晓洁，仲福根. Director 多媒体应用教程[M]. 北京：电子工业出版社，2016.